国家自然科学基金面上项目（52074104）
河南理工大学博士基金项目（B2020-2）

煤层注气过程中
置-驱转换机制及压力场效应研究

陈立伟 / 著

中国矿业大学出版社
·徐州·

内容提要

本书围绕不同气体注入煤层促排 CH_4 效果及注气前后煤层 CH_4 压力场分布等问题开展研究。主要内容包括煤对注源气体吸附特性研究、煤层注气驱替 CH_4 模拟实验装置及实验方法、不同注源气体驱替 CH_4 效果及机理研究、煤层注气驱替 CH_4 机制转化过程及主导作用研究、煤层注气过程中压力分布及泄压后残存压力恢复规律、煤层注气驱替瓦斯消突机理及工程实践等，具前瞻性、先进性和实用性。

本书可供从事安全工程及相关专业的研究人员参考使用。

图书在版编目(CIP)数据

煤层注气过程中置-驱转换机制及压力场效应研究 / 陈立伟著. —徐州：中国矿业大学出版社，2020.8

ISBN 978-7-5646-4792-6

Ⅰ. ①煤… Ⅱ. ①陈… Ⅲ. ①煤层—地下气化煤气—高压注气—压力场—研究 Ⅳ. ①P618.11

中国版本图书馆 CIP 数据核字(2020)第145706号

书　　名　煤层注气过程中置-驱转换机制及压力场效应研究
著　　者　陈立伟
责任编辑　王美柱
出版发行　中国矿业大学出版社有限责任公司
　　　　　(江苏省徐州市解放南路　邮编 221008)
营销热线　(0516)83884103　83885105
出版服务　(0516)83995789　83884920
网　　址　http://www.cumtp.com　**E-mail**:cumtpvip@cumtp.com
印　　刷　江苏凤凰数码印务有限公司
开　　本　787 mm×1092 mm　1/16　**印张** 7.5　**字数** 187 千字
版次印次　2020年8月第1版　2020年8月第1次印刷
定　　价　45.00元

前言

煤层瓦斯抽采不但是高瓦斯矿井治理瓦斯超限的基本方法，而且是消除和防治煤与瓦斯突出的重要手段，同时也是获取清洁能源和防治空气污染的重要措施。但是我国煤层结构复杂，有相当一部分为松软低透气性煤层，针对这部分煤层，如果不采取其他辅助措施，则很难达到有效预抽煤层瓦斯的目的。受煤层注气提高煤层气采取率（ECBM）技术的启发，笔者成功地将煤层注气驱替技术用于煤矿井下注气促排促抽煤层瓦斯的工程技术领域。根据前期的工程实践，对于透气性较差、抽采衰减严重的煤层，采用煤层注气的方法，一方面可以提高煤层中气体渗流速度，另一方面可以降低煤层中瓦斯分压，促进煤层中瓦斯解吸，起到促排瓦斯和消突的作用。但仍然存在一些关键技术问题没有得到解决，从而制约着这一技术的推广应用。

本书就是针对煤矿井下煤层注气驱替这一瓦斯治理技术，围绕煤层注气驱替瓦斯促排、消突机理及残存压力场效应等关键技术问题展开研究的。首先，研制了煤层注气驱替 CH_4 的实验装置，该装置可以按照煤矿井下实际情况，模拟注气促排 CH_4 的过程和效果。其次，通过注入不同吸附性的气体进行促排煤层 CH_4 的实验研究，得到了气体吸附性对促排煤层 CH_4 的影响规律，得出了空气是特定煤层条件下的合理气源的结论。最后，通过测试注气过程中煤层孔隙压力变化情况，得到了注气促排煤层 CH_4 过程中的压力分布规律及泄压后压力恢复规律。研究成果可为规模化推广应用煤层注气驱替瓦斯技术提供理论支撑。

本书是笔者在博士论文基础上完善而成的。在此，感谢导师杨天鸿教授的悉心指导与帮助，同时感谢为本书的撰写提出宝贵意见的河南理工大学杨宏民教授！

由于笔者水平所限，书中难免存在不妥之处，恳请读者批评指正。

著　者

2020年5月于河南理工大学

目　　录

第 1 章　绪论 …… 1

1.1　研究的目的和意义 …… 1

1.2　国内外研究现状 …… 2

1.3　存在的问题 …… 8

1.4　研究内容及研究方法 …… 8

第 2 章　煤对注源气体吸附特性研究 …… 10

2.1　实验装置及实验方法 …… 10

2.2　实验样品 …… 12

2.3　煤对单组分气体等温吸附解吸实验结果及分析 …… 12

第 3 章　煤层注气驱替 CH_4 模拟实验装置及实验方法 …… 19

3.1　煤层注气模拟实验装置设计 …… 19

3.2　煤层注气模拟实验条件 …… 23

3.3　煤层注气模拟实验方法 …… 25

第 4 章　不同注源气体驱替 CH_4 效果及机理研究 …… 28

4.1　煤层注 He 驱替 CH_4 物理模拟实验 …… 28

4.2　煤层注 N_2 驱替 CH_4 物理模拟实验 …… 32

4.3　煤层注 CO_2 驱替 CH_4 物理模拟实验 …… 37

4.4　煤层注 Air 驱替 CH_4 物理模拟实验 …… 42

4.5　煤层注不同气体驱替 CH_4 效果及机理差异性 …… 46

第 5 章　煤层注气驱替 CH_4 机制转化过程及主导作用研究 …… 56

5.1　置换效应和驱替效应定义 …… 56

5.2　注气驱替煤中 CH_4 定量化判定依据 …… 56

5.3　注 He 驱替煤中 CH_4 机制转化过程及主导作用分析 …… 57

5.4　注 N_2 驱替煤中 CH_4 机制转化过程分析 …… 57

5.5　注 N_2 驱替煤中 CH_4 主导作用分析 …… 60

5.6　注 CO_2 驱替煤中 CH_4 机制转化过程分析 …… 61

5.7　注 CO_2 驱替煤中 CH_4 主导作用分析 …… 64

第 6 章　煤层注气过程中压力分布及泄压后残存压力恢复规律 …… 66
6.1　煤层注气过程中压力变化规律…… 66
6.2　泄压后残存压力恢复规律…… 70
6.3　注气驱替 CH_4 过程中气体压力场效应 …… 74
6.4　注气数值模拟实验过程中煤层气体压力场效应…… 80
6.5　数值模拟结果与物理模拟结果对比分析…… 86

第 7 章　煤层注气驱替瓦斯消突机理及工程实践 …… 87
7.1　煤与瓦斯突出机理研究…… 87
7.2　防治煤与瓦斯突出方法…… 88
7.3　煤层注气驱替瓦斯响应特性及消突机理…… 89
7.4　注气驱替煤层瓦斯工程实践注气气源分析…… 92
7.5　试验矿井概况…… 94
7.6　试验方法…… 94
7.7　试验结果及分析…… 97

参考文献…… 103

第1章　绪　论

1.1　研究的目的和意义

众所周知，中国是世界上煤矿数量最多、瓦斯灾害最严重的国家，2007—2016年期间，共发生各类瓦斯灾害事故389起，造成3 307人死亡，其中，煤与瓦斯突出事故150起，造成1 084人死亡[1]。目前，我国应用较为广泛的区域性防突措施主要有开采保护层和预抽煤层瓦斯，其中，预抽煤层瓦斯是最常用的区域性防突措施。但是由于我国绝大部分的突出煤层均属于低透气性煤层[2-3]，且相当一部分煤层透气性系数小于0.1 $m^2/(MPa^2 \cdot d)$，瓦斯抽采难度大、不均衡、效率低、消突效果差，存在未消突的"真空区"引发瓦斯事故等问题。所以，针对低透气性煤层需要进行强化增透。目前，普遍采用的增透方法有深孔预裂爆破、井下水力压裂、水力冲孔、水力割缝、液态CO_2相变致裂等[4-10]，这些方法在我国已得到不同程度的推广应用，均有不少成功应用的实例；但这些方法并不是十全十美的，有优点也有缺点，而且它们都有各自的适用条件。

受石油系统"气驱油"技术的启发，1995年，美国在圣胡安盆地(San Juan Basin)进行了CO_2-ECBM现场试验[11]，煤层气产量增加了1.5倍，采收率高达95%。此后，加拿大、欧盟、日本先后进行了CO_2-ECBM试验[12-16]，从技术和经济上均证实了注CO_2驱替煤层气的可行性。2004年，中联煤层气有限责任公司在山西沁水盆地进行了CO_2-ECBM试验，也取得了良好的效果[17]。2006年，方志明等[18]在中国平煤神马集团八矿进行了注空气驱替瓦斯现场试验，证实了空气驱替瓦斯技术的可行性。2008—2010年，杨宏民[19]、李志强等[20]分别在沁水盆地阳泉矿区和重庆天府矿业有限公司进行了井下煤体注气强化瓦斯抽采现场试验，抽采效率提高2.42～25.33倍，消突时间由19 d减少到9 d左右，证实了煤体注气强化抽采、快速消突的有效性。虽然这项技术的工程试验取得了成功，但是围绕此工程技术的几个科学问题仍未厘清，主要表现在：(1) 煤层注气促排瓦斯作用机理是什么，其主导作用有哪些？(2) 为什么吸附能力较弱的N_2或Air(主要成分为N_2)能置换吸附能力较强的CH_4？(3) 注气导致的煤层压力升高程度和分布如何？注气泄压后，煤层瓦斯压力残存情况如何？

因此，本研究是煤层井下注气置换消突技术能够实现工程应用与推广的前提，是煤矿瓦斯抽采和瓦斯突出防治领域亟待解决的问题。

1.2 国内外研究现状

1.2.1 煤对单组分气体吸附实验研究

当前,普遍认为煤对 CH_4、CO_2、N_2、O_2 的吸附符合朗缪尔单分子层吸附理论[21-26]。艾鲁尼[27],P. J. Crosdale 等[28]研究发现利用朗缪尔方程计算煤对 CH_4 的吸附量是不准确的。孙培德[29]通过实验发现,煤对气体的吸附并不遵守理想气体方程。马东民等[30-31]通过研究发现,压力与煤对 CH_4 的吸附量呈正相关关系。

马砺等[25]通过实验研究了三种不同变质程度的煤在不同压力条件下对 CH_4、N_2、CO_2 的吸附等温线,结果表明煤对三种气体吸附能力由大到小的顺序为 $CO_2>CH_4>N_2$。A. Busch 等[32]、唐书恒等[33-34]、杨宏民等[19,35]通过等温吸附实验得出了煤对 CO_2、CH_4、N_2 三种气体的吸附能力依次降低的结论。赵鹏涛[36]利用阳泉矿区 15 号煤层煤样对 CH_4、N_2 和 O_2 进行了等温吸附实验,结果表明煤对三种气体吸附能力由大到小的顺序为 $CH_4>N_2>O_2$。于宝种[37]、任子阳[38]、杨宏民等[39]进行了阳泉矿区 3 号、15 号煤对 CO_2、CH_4、N_2 的等温吸附实验,均得出吸附能力由大到小的顺序为 $CO_2>CH_4>N_2$。王向浩等[40]分析了高、低阶煤对单组分气体 CH_4、CO_2 的吸附解吸规律,得出了高阶煤竞争解吸效果明显的结论。金智新等[41]、武司苑等[42]对煤吸附 CO_2、O_2 和 N_2 的能力与竞争性差异进行了分析,结果表明煤对三种气体竞争能力由大到小的顺序为 $CO_2>N_2>O_2$。张淑同等[43]基于型煤吸附解吸 CO_2、CH_4 的对比实验,得出了 CO_2 的极限吸附量是 CH_4 的极限吸附量的 2 倍的结论。国内外专家学者一致认为 He 为非吸附性气体,因为煤对 He 的吸附量可以忽略不计。吴文明[44]通过恒温、不同吸附平衡压力下 He 的吸附解吸实验证明了这一观点。

1.2.2 煤对多组分气体吸附实验研究

目前,国内外学者就煤对双组分气体(CO_2-CH_4、N_2-CH_4、CH_4-C_2H_6 等)、三组分气体(CH_4-CO_2-N_2、CH_4-O_2-N_2)的吸附行为进行了大量研究。

国外学者 T. C. Ruppel 等[45]采用干煤样进行了 CH_4-C_2H_6 混合气体的吸附实验;J. T. Saunder 等[46]采用干煤样进行了 CH_4-H_2 混合气体的吸附实验;M. D. Stevenson 等[47]采用干煤样进行了 CO_2-CH_4-N_2 多组分混合气体的吸附解吸实验;L. E. Arri 等[48]采用平衡水煤样进行了 CH_4-N_2 和 CH_4-CO_2 混合气体的吸附实验;F. E. Hall 等[49]采用湿煤样进行了 CH_4-N_2 和 CH_4-CO_2 混合气体的吸附实验;A. Busch 等[50]等采用高/低阶煤样进行了 CO_2-CH_4 混合气体的吸附解吸实验。因实验所采用的煤样、压力、温度、混合气体组分等条件的不同,国外学者所得实验结果存在差异,但都能得出一致的结论:在吸附实验过程中,混合气体存在竞争吸附行为;气体竞争吸附能力由大到小的顺序为 $CO_2>CH_4>N_2$。

国内学者唐书恒等[33]进行了 CH_4-CO_2 和 CH_4-N_2 混合气体的等温吸附实验;于洪观等[51-52]采用沁水盆地的晋城矿区煤样和潞安矿区煤样进行了 CO_2-CH_4 混合气体的等温吸附实验;张子戌等[53-55]采用平衡水煤样进行了不同浓度条件下 CH_4-CO_2 混合气体的吸附解

吸实验；于宝种[37]采用阳泉矿区煤样进行了 CH_4-N_2 混合气体的等温吸附实验；任子阳[38]采用阳泉矿区煤样进行了 CH_4-CO_2 混合气体的等温吸附实验；相建华等[56]进行了组分体积比 1∶1 条件下的 CH_4-CO_2 混合气体的等温吸附实验；王晋[57]采用潞安矿区余吾煤矿煤样进行了不同温度下煤体对单组分 CO_2、CH_4 及其混合气体的吸附解吸实验；邢万丽[58]采用粉煤和块煤在高压(最大平衡压力 18 MPa)条件下进行了 CH_4-CO_2、CH_4-N_2 混合气体的吸附解吸实验；周来诚[59]测定了煤岩对 N_2、CH_4、CO_2 及其双组分混合气体的吸附能力；赵鹏涛[36]采用阳泉矿区煤样进行了 CH_4-N_2-O_2 混合气体的吸附解吸实验；马凤兰等[60]对 CO_2-N_2-CH_4 混合气体进行了等温吸附实验。国内学者通过实验研究也得出了如下规律：就同一煤样而言，气体吸附速率因混合气体的组分、压力、温度而异，吸附量由大到小的顺序为 $CO_2>CH_4>N_2$；混合气体的吸附量介于单组分气体吸附量之间，竞争吸附能力由大到小的顺序为 $CO_2>CH_4>N_2$。张艳玉等[61]研究发现二维状态方程对混合气体的吸附预测精度最高，并且能较好地适用于高压系统的吸附预测。

1.2.3 煤层注气置换瓦斯技术研究

表 1-1 为煤层注气现场试验统计情况。

表 1-1 煤层注气现场试验统计

国别	实施地点	年份	注入气体	注入气体量/t	目的
美国	San Juan Basin	1995	N_2	—	ECBM
			CO_2	370	
	Northern Appalachian Basin	2003	CO_2	2 000	
	Western North Dakota	2007	CO_2	80	
	San Juan Basin	2008	CO_2	75	
	Illinois Basin	2008	CO_2	200	
	Central Appalachian Basin	2009	CO_2	1 000	
	Black Warrior Basin	2009	CO_2	—	
加拿大	Fenn-Big Valley	1999	CO_2	190	ECBM
			13%CO_2+87%N_2	110	
			53%CO_2+47%N_2	120	
			N_2	100	
日本	Ishikari Coal Field	2004	CO_2	150	CO_2 地质封存
波兰	Upper Silesian Basin	2001	CO_2	760	CO_2 地质封存
澳大利亚	Southern Sydney Basin			—	CO_2 地质封存

表 1-1(续)

国别	实施地点	年份	注入气体	注入气体量/t	目的
中国	沁水盆地晋城矿区	2004	CO_2	190	ECBM
	中国平煤神马集团八矿	2006	空气	—	瓦斯治理
	山西潞安矿业(集团)有限责任公司常村矿	2008	空气	—	瓦斯治理
	沁水盆地阳泉矿区	2008	空气	—	瓦斯治理
	河东煤田柳林矿区	2011	CO_2	460	ECBM
	沁水盆地晋城矿区	2014	CO_2	1 000	ECBM
	豫西煤田大平煤矿	2015	空气	—	瓦斯治理
	沁水盆地晋城矿区赵庄煤矿	2016	空气	—	瓦斯治理

1995 年,美国首先在圣胡安盆地进行了 CO_2-ECBM 现场试验,并取得了成功,随后(2003—2009 年)在阿巴拉契亚盆地北部(Northern Appalachian Basin)、北达科他州西部(Western North Dakota)、圣胡安盆地、伊利诺伊盆地(Illinois Basin)、阿巴拉契亚盆地中部(Central Appalachian Basin)、黑勇士盆地(Black Warrior Basin)进行了 CO_2-ECBM 工程实践,都取得了很好的效果[11,62-63]。1998 年,加拿大在阿尔伯塔(Alberta)省开展了单一气体(纯 CO_2、纯 N_2)和混合气体的 ECBM 试验,发现注入不同气体均能提高煤层气采收率[12]。欧盟[13-14](2001 年)在波兰的上西里西亚盆地(Upper Silesian Basin),日本[15-16](2004 年)在北海道的石垣煤田(Ishikari Coal Field)进行了 CO_2-ECBM 现场试验,证实了 CO_2 地质封存的可行性。澳大利亚学者也针对悉尼盆地南部(Southern Sydney Basin)煤层封存 CO_2 技术的可行性进行了研究[64-65]。

2004 年,我国首次在山西沁水盆地进行了 CO_2-ECBM 现场试验,证实了向煤层中注入 CO_2 不仅能提高瓦斯采收率,而且能够封存 CO_2[17]。2006—2008 年,方志明等[18]、李小春等[66]分别在中国平煤神马集团八矿和山西潞安矿业(集团)有限责任公司常村煤矿进行了空气驱替煤层瓦斯试验,证实了空气驱替煤层瓦斯技术的可行性。2008—2010 年,河南理工大学在沁水盆地阳泉矿区、重庆天府矿业有限责任公司开展了注空气驱替煤层瓦斯现场试验,证明了注气驱替瓦斯技术在井下瓦斯灾害治理领域的可行性[19-20]。2011—2016 年,在我国沁水盆地晋城矿区、河东煤田柳林矿区、沁水盆地晋城矿区赵庄煤矿、豫西煤田大平煤矿分别进行了井下煤层注气强化瓦斯抽采的工程实践,均取得了良好的效果[67-69]。

1.2.4 煤层注气驱替瓦斯物理模拟实验研究

P. F. Fulton 等[70]采用干燥煤样和湿煤样,在注气压力为 0.3～1.38 MPa、注源气体为 CO_2 条件下进行了物理模拟实验。研究结果表明,气驱瓦斯效果明显,循环注入方式最为有效。A. A. Reznik 等[71]在注气压力为 1.38～5.52 MPa、注源气体为 CO_2 和 CO_2-N_2 混合气体条件下进行了实验,结果显示,注 CO_2 效果明显优于注 CO_2-N_2 混合气体。K. Jessen 等[72]进行了不同浓度配比的 CO_2-N_2 混合气体驱替瓦斯实验,结果表明,注入 CO_2-N_2 混合气体相比注纯 CO_2 会降低回收效率,降低幅度取决于 N_2 混入比例。S. Mazumder 等[73]采用交替注入纯 CO_2 和纯 N_2 的方式进行实验,分析了注气压力、注气流量对驱替效果的影响。B. Dutka

等[74-75]进行了 CO_2 驱替瓦斯实验，得出了析出混合气体浓度以及煤体内孔隙压力随时间的变化规律。S. Parakh[76]采用长煤柱（长 3 m，内径 7.7 mm）进行注纯 CO_2 和纯 N_2 驱替瓦斯实验，得出了注气过程中煤样的渗透率。杨宏民[19]采用颗粒煤在吸附平衡条件下进行了注气驱替瓦斯实验，得出了注源气体、注气压力对驱替效果的影响规律。王立国[77]采用长方体型煤（300 mm×70 mm×70 mm）进行了 CO_2-N_2 驱替瓦斯实验，注气压力为1.5～2.2 MPa。实验结果表明，注 CO_2 驱替效率较注 N_2 高，CO_2 突破实验腔体的时间比 N_2 长。高莎莎等[78-79]进行了 CO_2 驱替 CH_4 实验，取寺河矿、余吾矿、常村矿的煤样各 3 份，制成 ϕ25 mm×(25～50) mm 的柱状煤样，烘干后浸入 CO_2，通过分析渗透率与孔隙率随时间的变化规律，建立了 3 种孔隙率-渗透率关系模型。石强等[80-81]进行了单一组分 N_2、CO_2 以及不同比例混合气体驱替瓦斯的对比实验，实验样品为长 1.00 m、直径 0.04 m 的压实煤粒，煤粒直径 120～1 700 μm。研究结果表明：N_2 随驱替压力升高，驱替效率先增后减，置换效率越来越低，驱替渗透率越来越低，但仍高于原始煤岩渗透率；CO_2 随驱替压力升高，驱替效率一直增加，置换效率变化不大，驱替渗透率先降后升，整体低于原始渗透率；混合气体[$V(CO_2):V(N_2)$分别为 1∶4 和 1∶9]驱替规律接近 N_2，混合气体[$V(CO_2):V(N_2)$为 1∶1]驱替规律接近 CO_2；N_2 恒压驱替优于间歇驱替，CO_2 间歇驱替优于恒压驱替。

周俊文[82]在三轴应力条件下进行了 CO_2 驱替完整和破碎煤样中 CH_4 的实验研究，研究发现：无论是完整煤样还是破碎煤样，驱替排采 CH_4 产出效率优于自然排采；驱替排采对破碎煤样的驱替速度较快，而对完整煤样的驱替效率较高。马励等[83]利用自制实验装置，进行了不同实验条件下煤体注 CO_2 驱替瓦斯模拟实验。实验结果表明：注气初期（0～50 min）置换效应明显；50～300 min 驱替效应占主导作用；300 min 后处于置换与驱替效应相互作用的低效驱替阶段。

1.2.5 煤层注气驱替瓦斯数值模拟实验研究

煤层注气驱替瓦斯，因注入气源、注气压力、流量、煤体受载、吸附状态等因素的影响，实验过程相对复杂，物理模拟由于设备、实验环境等实验条件限制，往往难以实现，故国内学者采用数值模拟方法来解决这一难题。

庞丽萍等[84]以活性炭床为含气储层，建立了多方程耦合数学模型，通过差分法解算。梅海燕等[85]建立了基于气驱油过程考虑分子弥散特征的气体渗流方程。郑爱玲等[86]、吴嗣跃等[87]建立了考虑气体组分实时变化的三维拟稳态非平衡模型。孙可明等[88]基于深部煤层高应力、高孔隙压力、低渗透性的特点，建立了气-水两相流耦合模型。杨宏民[19]建立了基于注 N_2-CO_2 驱替瓦斯过程的煤层气体流动的多物理场耦合数学模型。方志明[89]建立了考虑多组分混合气体的吸附、解吸、扩散引起的煤岩膨胀/收缩变形的多相渗流流-固耦合数学模型，并给出了数值模型的求解方法。王立国[77]建立了考虑竞争吸附、扩散和气体渗流的数学模型。吴金涛等[90]建立了考虑注气驱替煤层瓦斯过程中混合气体渗流、吸附/解吸、扩散及孔隙率和渗透率敏感性等多物理场耦合的双重介质数学模型，用有限差分方法对数学模型进行了数值求解。研究表明：注入 CO_2、N_2 及其混合气体均能显著提高煤层气藏采收率，提高程度可达28%以上；N_2 在注入后迅速突破产出，而 CO_2 突破时间较晚；CO_2 吸附造成孔隙率和渗透率减小，而 N_2 吸附造成孔隙率和渗透率增大。马天然[91]建立了注 CO_2 提高煤层气采收率的三维数学模型。郝志勇等[92-93]、岳立新[94]建立了超临界 CO_2 作用后煤的热流固耦合力学模型，并进行了低渗透煤层注超临界 CO_2 增透规律数值模拟研究，得出了煤体裂隙演化随时间的变化规律。李元星[95]建立了单孔抽采数学模型，并以双柳煤矿 3 号肥煤为例进行了数值模拟。结果表明，在相同注气条件下，注入气体影响半径与注气时间成正比关系，渗透率随注气压力的升高呈指数规律单调递增，煤层气采收率与注气时间、注气压力正相关。王伟等[96]建立了煤孔隙裂隙介质系统的 CO_2 驱替煤层 CH_4 的数值模型，模拟了注气压力与注源气体突破时间、煤体渗透率和瓦斯产出量的关系。王公达等[97]建立了全面考虑混合气体的吸附、解吸、扩散、达西流和由克林肯贝格效应产生的附加流的 CO_2-N_2 驱替煤层瓦斯的耦合数学模型。

1.2.6 煤层注气驱替瓦斯机理研究

1.2.6.1 煤层注 CO_2 驱替 CH_4 机理

关于煤层注 CO_2 驱替 CH_4 机理，前人做了大量的研究工作，归纳如下。

（1）“置换”作用机理

众所周知，煤是一种天然吸附质，根据朗缪尔吸附理论，煤表面存在能够吸附气体分子或者原子的吸附位。多元混合气体在竞争吸附时，吸附能力强的气体势必优先吸附；在置换吸附时，吸附能力强的气体能够把吸附能力弱的气体挤出吸附位。杨宏民[19]进行了竞争吸附实验和置换吸附实验，认为两种实验结果一致。马志宏[98]在等容条件下进行了注 CO_2 置换 CH_4 实验，认为 CO_2 能够将已经吸附平衡的 CH_4 置换出来，就是凭借其吸附性能强于 CH_4。因此，注入比 CH_4 吸附性强的气体，能将煤中处于吸附状态的 CH_4 置换出来，这就是注入气体的置换作用机理。

（2）“分压”作用机理

当向煤层中注入具有吸附性的气体时，该气体和 CH_4 的吸附解吸行为发生变化。在这种情况下，煤对气体各组分的吸附过程可用扩展的朗缪尔方程来描述[99-101]，如式(1-1)所示。

$$V_1 = \frac{a_1 b_1 p_1}{1 + b_1 p_1 + b_2 p_2} \tag{1-1}$$

式中，V_1 为 CH_4 在 p_1 压力下的吸附量，m^3/t；a_1，b_1 为 CH_4 的吸附常数，单位分别为 m^3/t，MPa^{-1}；b_2 为注入气体的吸附常数，MPa^{-1}；p_1，p_2 分别为 CH_4 和注入气体的分压，MPa。

根据式(1-1)，只要向煤体中注入吸附性气体，就能降低 CH_4 的吸附量，从而达到促进 CH_4 解吸的目的。马志宏[98]、李凤龙[102]进行了等压扩散实验，在向处于 CH_4 吸附平衡状态的吸附罐中分别注入 N_2 和 CO_2 后，CH_4 浓度都有所增加，这印证了式(1-1)所描述的规律。

有关学者[103-114]进行了不同条件下的注 CO_2 驱替实验，认为 CO_2 凭借较强吸附能力能够置换出煤中吸附的 CH_4，同时气体的注入也降低了 CH_4 的分压，促进了 CH_4 的解吸。

（3）“增流”作用机理

众所周知，煤层通常被视为孔隙-裂隙双重介质，而 CH_4 在煤中处于吸附和游离两种状态，孔隙为吸附状态的 CH_4 提供扩散空间，裂隙为游离状态的 CH_4 提供渗流通道。在煤层未受采动影响之前，CH_4 处于吸附和游离动态平衡状态，而只要煤层受到采动影响，这种平衡状态就被打破，CH_4 就会不断地涌出煤层，其运移模式如图 1-1 所示。

根据菲克扩散定律：在扩散体系中流体分子由高浓度区域向低浓度区域运动，流体的扩散速度与流体的浓度梯度呈线性正比关系。即

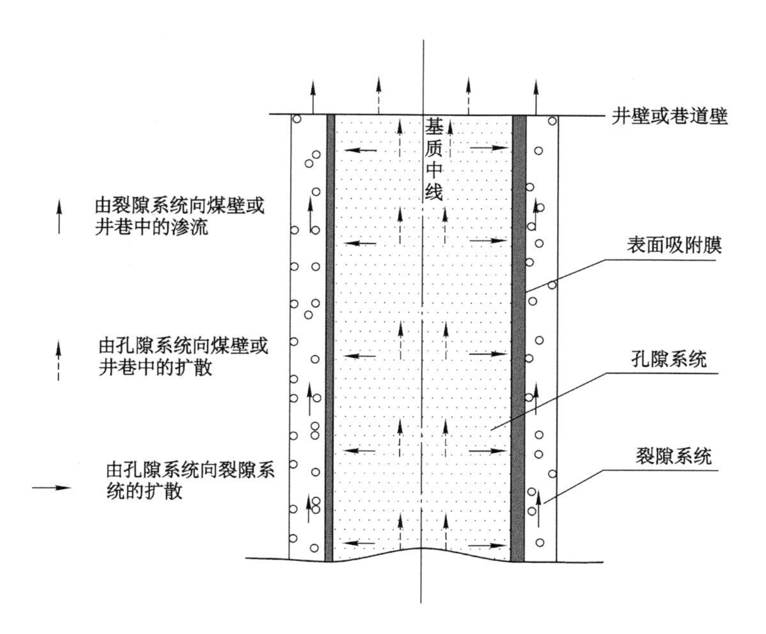

图 1-1 煤层中 CH_4 的运移模式

$$v_k = -D\frac{\partial X}{\partial n} \tag{1-2}$$

CO_2 流经的裂隙通道中的 CH_4 被稀释后浓度降低，这就使得裂隙表面的微孔及小孔两端重新获得浓度差，气体定向扩散继续进行，不仅 CH_4 会由于在裂隙表面的浓度降低而向外扩散，而且从煤体解吸并扩散至裂隙中的 CH_4 会被注入的 CO_2 气流带走，这样微孔、小孔与煤基质表面的浓度差一直存在，解吸的 CH_4 会不断扩散出来[115-116]。

根据达西定律，气体在煤层裂隙中的流动主要为渗流，其渗流速度与压力梯度成正比，即

$$v_s = -\lambda\frac{\mathrm{d}p}{\mathrm{d}x} \tag{1-3}$$

在煤层产生新的暴露面后，暴露面与煤层深部之间具有压力差。在压力梯度的作用下，煤层深部裂隙中的 CH_4 开始向暴露面流动，随着 CH_4 不断排出，压力梯度逐渐下降，当煤层深部与暴露面之间的压力差不足以克服渗流阻力时，宏观上的渗流速度便降为零。在注入 CO_2 后，煤体与外界的压力差增大，这可为煤体内流体的渗流提供能量，腔体内流体的渗流速度增加，宏观上表现为注入的 CO_2 携载 CH_4 流出煤体[117]。

王立国[77]通过注 CO_2 驱替渗流实验得出，注气提高了煤层孔隙压力，导致 CH_4 扩散-渗流速度同步提高。徐龙君等[118]、X. J. Gui 等[119]、夏德宏等[120]、朱鹏飞等[121]认为注气增加了煤层压力梯度，从而驱替 CH_4 以更快的流速涌出煤层。唐书恒等[122]、梁卫国等[123]、蔺金太[124]认为注气就是向煤层中注入能量，从而可增加渗流速度，促使瓦斯解吸而流出煤体。

有关学者[125-130]也认为注气驱替瓦斯的机理主要有三个：一是置换作用；二是增流作用；三是改变煤层孔隙结构而提高渗透率。

1.2.6.2 煤层注 N_2 驱替瓦斯机理

相比 CO_2，煤层注 N_2 驱替瓦斯机理既有相同点，也存在差异。相同点，一是注入 N_2 能

够降低 CH_4 分压；二是持续注入 N_2 能提高 CH_4 扩散-渗流速度。不同点，一是 N_2 不能对煤中 CH_4 形成竞争吸附而置换 CH_4，原因是在相同条件下煤对 CH_4 的吸附能力大于对 N_2 的吸附能力；二是注 CO_2 会降低煤层透气性，而注 N_2 会提高煤层透气性。方志明等[18]研究发现，向煤层中注入 CO_2 后，煤体膨胀；而注入 N_2 后，煤体收缩。W. D. Gunter[12]根据现场试验发现，向煤层中注入 CO_2 后，煤层的渗透率大幅度下降；而注入烟道气[由 87%(体积分数)的 N_2 和 13%(体积分数)的 CO_2 组成]后，煤层的渗透率有较大程度提高。

由此可见，注气驱替瓦斯机理，因注气气源不同而存在差异。针对我国煤层赋存条件，以及注气驱替瓦斯目的和注气条件，选择哪种气体作为注气气源更为合适是必须考虑的问题。

1.3 存在的问题

虽然这项技术的工程试验取得了成功，但是围绕此工程技术的几个科学问题仍未厘清，主要表现在以下方面：

(1) 根据我国在不同矿区进行的注空气(主要成分为 N_2)驱替瓦斯现场试验，注空气均能强化瓦斯的抽排效果，而根据煤对不同气体的吸附实验，吸附性能由强到弱的顺序为 $CO_2 > CH_4 > N_2$，那么，为什么吸附能力弱的气体能够置换吸附能力强的气体？这需要从机理上进一步研究。

(2) 在煤层注气过程中，是置换作用占主导地位还是驱替作用占主导地位，其主导机理是否存在转换？前人得出的结论，大多基于理论分析、置换解吸实验和小试件渗流实验。然而，煤层注气促抽排瓦斯是一个动态的过程，注气促使瓦斯解吸、扩散、渗流并非单独进行的，而是综合作用的。那么，在不同的注气时期，作用的机理是否也存在动态变化？

(3) 注气行为导致煤层气体压力升高程度和分布范围如何？泄压后，煤层残存瓦斯压力及其分布如何？瓦斯压力是防突工作最为重要的参数，因此，注气过程中气体压力场分布、泄压后瓦斯压力恢复规律和残存压力场分布是煤层注气强化瓦斯抽采技术中最受关注且没有解决的关键问题。

1.4 研究内容及研究方法

1.4.1 主要研究内容

(1) 井下煤层注气气源分析

根据前期的试验，ECBM 技术主要在地面实施，注入气源为 CO_2。但是，针对我国高瓦斯、突出矿井普遍为低透气性、松软煤层的条件，从技术和经济上考虑，选择哪一种气体作为注气气源，还需要理论支持。

(2) 煤对单组分气体吸附特性研究

通过煤对 CO_2、CH_4、N_2 和 Air[由 N_2(体积分数为 80%)和 O_2(体积分数为 20%)组成]的吸附解吸实验，研究煤对 CO_2、CH_4、N_2 和 Air 的吸附解吸规律。

(3) 吸附性气体 CO_2、N_2(Air)与非吸附性气体 He 的煤层注气模拟实验研究为了揭示煤层注气过程中驱替和置换哪个起主导作用，拟利用建立的煤层注气模拟装置，并分别用不具有吸附性能的He和弱吸附性的N_2(Air)及强吸附性的CO_2进行注气驱替模拟实验，研究仅有驱替作用的He以及具有驱替和置换作用的N_2、CO_2在煤层注气中的作用效果的差异，结合达西定律、菲克定律等理论，研究揭示煤层注空气促排CH_4的机理。

(4) 煤层注气过程中压力场分布及泄压后残存压力恢复规律研究

首先采用物理相似模拟的方法研究煤层注气过程中气体压力变化及分布规律、注气泄压后煤层气体压力恢复规律；然后进行数值模拟和现场试验验证，根据两种结果对比分析注气过程中及泄压后煤层气体压力变化规律。

1.4.2 研究技术路线及方法

本研究拟采用物理相似模拟实验、数值模拟、理论分析和现场实测验证等综合研究方法，研究技术路线框图如图1-2所示。

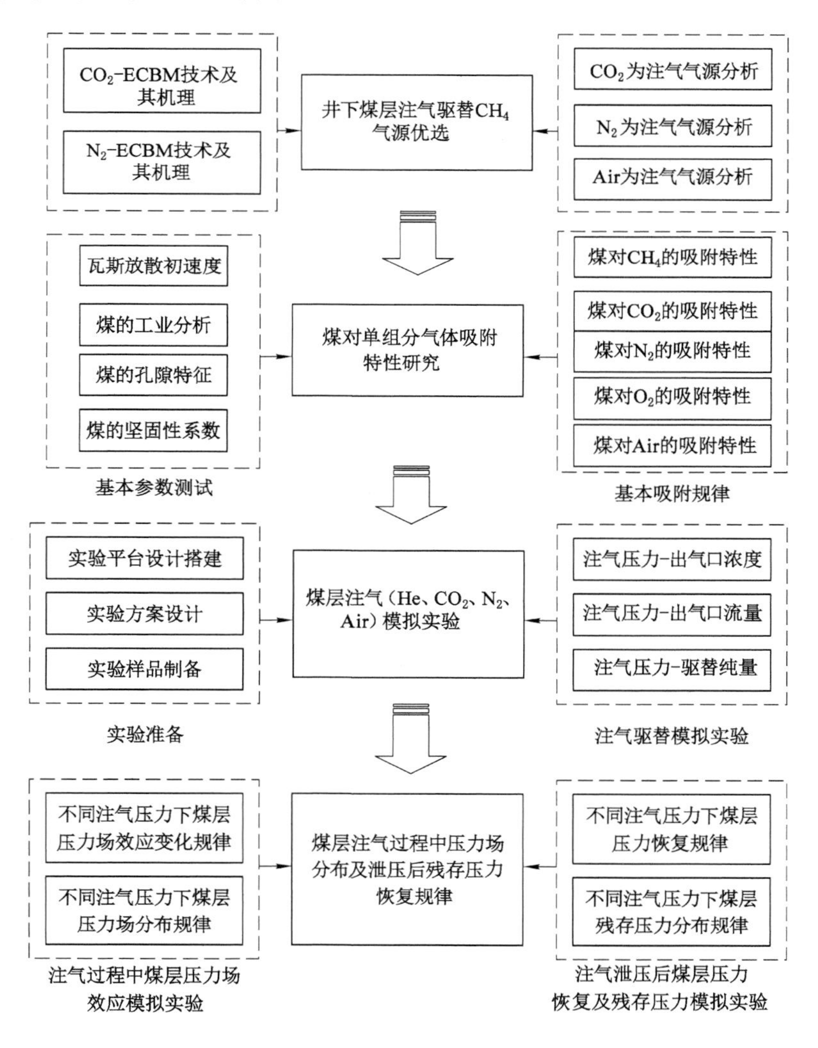

图1-2 研究技术路线框图

第2章　煤对注源气体吸附特性研究

煤对 CH_4、N_2、CO_2、Air 的吸附特性，是研究注气驱替煤层 CH_4 机理和进行煤矿井下注气驱替瓦斯气源优选的基础。本研究采集荥巩煤田河南大峪沟煤业集团有限责任公司华泰煤矿突出软煤二$_1$煤层煤样，根据《煤的甲烷吸附量测定方法(高压容量法)》(MT/T 752—1997)[131]，在实验室对样品进行了单组分 CH_4、CO_2、N_2、O_2 的等温吸附解吸实验。

2.1　实验装置及实验方法

2.1.1　实验装置

实验装置主要包括注气气源、气体定量系统、恒温吸附解吸系统、真空脱气系统、气体组分分析系统等[18,36,44,98]，如图 2-1 所示。

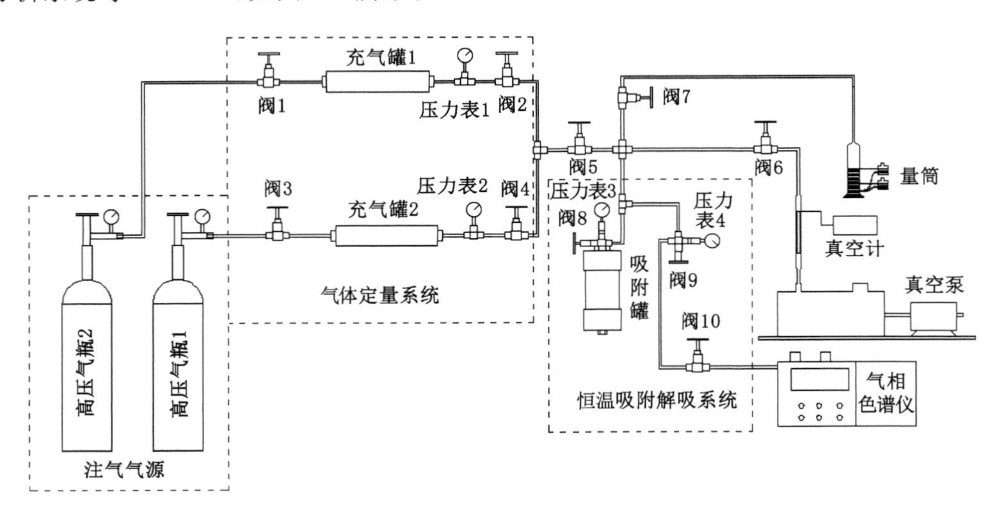

图 2-1　吸附解吸实验装置示意图

注气气源：采用高压气瓶供气(CH_4、N_2、CO_2、Air)。

气体定量系统：包括注入气体定量系统和析出气体定量系统两部分。注入气体通过已知体积的充气罐压差定量；析出气体通过量管定量。

恒温吸附解吸系统：采用精度高于±(0.1～0.5)℃的恒温水浴作为吸附解吸实验装置的恒温装置；吸附罐耐压 16 MPa，装载量不小于 220 g 煤样。

真空脱气系统：采用 2XZ 型旋片式真空泵对管路、吸附罐、充气罐抽真空，采用 ZDZ-52 型真空计测试系统真空度，使系统真空度达到 10 Pa 以下。

气体组分分析系统：采用 GC-4008A 型气相色谱仪分析游离状态气体组分。

2.1.2　等温吸附实验方法

煤对单组分气体的等温吸附实验采用图 2-1 所示的实验装置，实验流程如图 2-2 所示[44,98]。

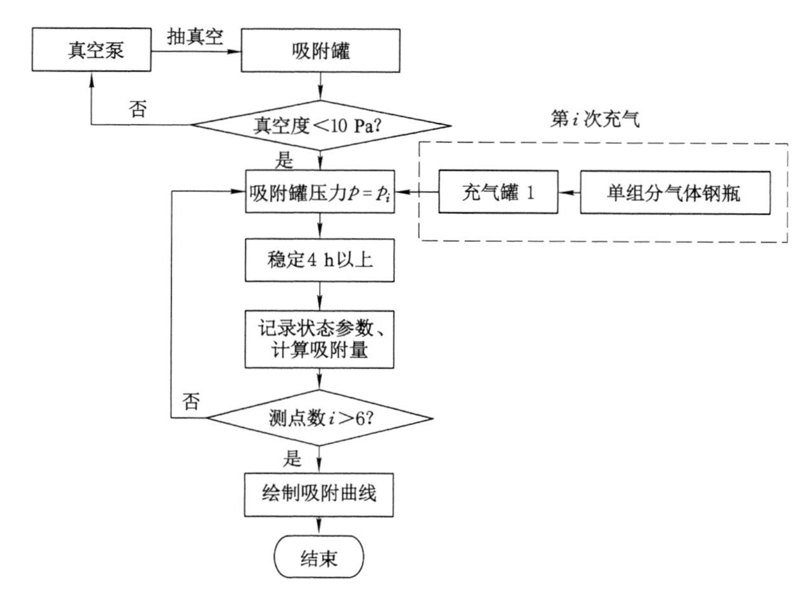

图 2-2　煤对单组分气体吸附实验流程图

2.1.3　等温解吸实验方法

煤对单组分气体的等温解吸实验采用图 2-1 所示的实验装置，实验流程如图 2-3 所示[44,98]。

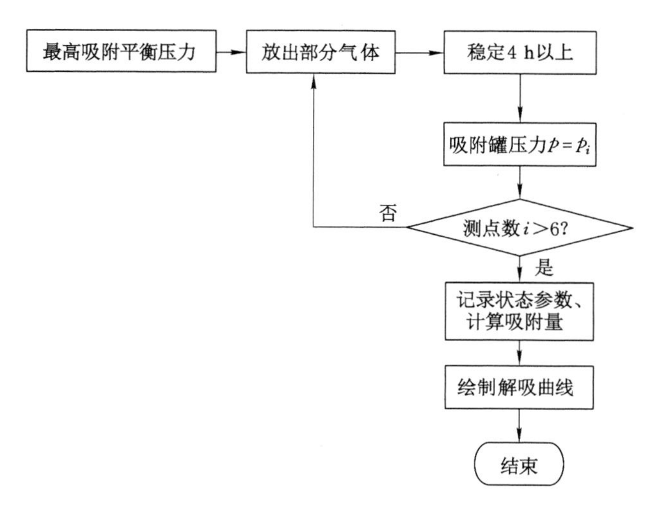

图 2-3　煤对单组分气体解吸实验流程图

2.2 实验样品

本实验煤样采自荥巩煤田河南大峪沟煤业集团有限责任公司华泰煤矿二$_1$煤层。根据《煤的甲烷吸附量测定方法(高压容量法)》(MT/T 752—1997)[131]、《煤的工业分析方法》(GB/T 212—2008)[132]、《煤的真相对密度测定方法》(GB/T 217—2008)[133]和《煤的视相对密度测定方法》(GB/T 6949—2010)[134]对煤样的要求,采用粒度为0.17~0.25 mm的颗粒煤进行实验。

实验煤样相关参数测试结果如表2-1所示。

表2-1 实验煤样相关参数测试结果

参数	值	参数	值
水分 M_{ad}/%	2.44	真相对密度/(t/m^3)	1.72
灰分 A_{ad}/%	12.47	视相对密度/(t/m^3)	1.65
挥发分 V_{ad}/%	8.43	孔隙率 φ/%	4.06

2.3 煤对单组分气体等温吸附解吸实验结果及分析

根据2.1节所述的实验装置和实验方法,进行了煤对CH_4、He、N_2、O_2、CO_2、Air的等温(30 ℃)吸附解吸实验,得到的实验数据如表2-2至表2-7所示。

2.3.1 煤对CH_4等温吸附解吸实验结果

从表2-2和图2-4可知,实验煤样对CH_4的等温吸附解吸符合朗缪尔模型。根据吸附曲线,可得煤对CH_4的吸附常数为:a=32.14 m^3/t,b=2.30 MPa^{-1};根据解吸曲线,可得煤对CH_4的吸附常数为:a=31.68 m^3/t,b=2.70 MPa^{-1}。

表2-2 煤对CH_4等温吸附解吸实验数据

等温吸附实验		等温解吸实验	
吸附平衡压力/MPa	吸附量/(cm^3/g)	吸附平衡压力/MPa	解吸量/(cm^3/g)
0.72	20.02	0.60	19.75
1.45	24.64	1.59	25.32
2.38	27.34	2.50	27.68
3.39	28.61	3.56	28.79
4.45	29.24	4.63	29.42
5.28	29.56	5.27	29.57

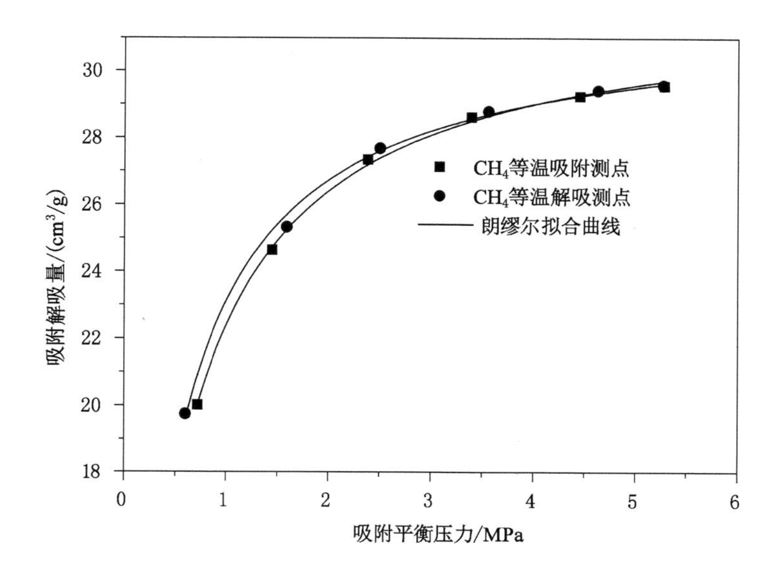

图 2-4　煤对 CH_4 等温吸附解吸曲线

2.3.2　煤对 He 等温吸附解吸实验结果

从表 2-3 和图 2-5 可知，煤对 He 的吸附量很小，可以忽略不计。因此，可以把 He 作为仅有驱替作用的非吸附性气体进行煤中 CH_4 的驱替实验。

表 2-3　煤对 He 等温吸附解吸实验数据

等温吸附实验		等温解吸实验	
吸附平衡压力/MPa	吸附量/(cm^3/g)	吸附平衡压力/MPa	解吸量/(cm^3/g)
0.86	0.038	0.83	0.006
1.56	0.032	1.86	−0.035
2.72	−0.028	2.64	−0.026
3.60	0.021	3.62	0.018
4.54	0.026	4.52	0.085
5.14	−0.083	5.00	0.038
6.27	0.043	6.34	−0.034

2.3.3　煤对 N_2 等温吸附解吸实验结果

由表 2-4 和图 2-6 可知，实验煤样对 N_2 的等温吸附解吸符合朗缪尔模型。根据吸附曲线，可得煤对 N_2 的吸附常数为：$a=25.19\ m^3/t$，$b=1.36\ MPa^{-1}$；根据解吸曲线，可得煤对 N_2 的吸附常数为：$a=25.33\ m^3/t$，$b=1.36\ MPa^{-1}$。

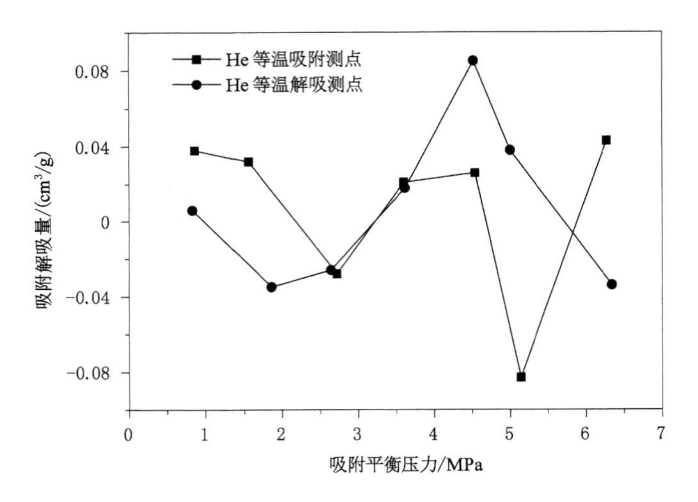

图 2-5　煤对 He 等温吸附解吸曲线

表 2-4　煤对 N_2 等温吸附解吸实验数据

等温吸附实验		等温解吸实验	
吸附平衡压力/MPa	吸附量/(cm^3/g)	吸附平衡压力/MPa	解吸量/(cm^3/g)
0.55	10.76	0.50	10.33
1.51	16.98	1.36	16.48
2.57	19.60	2.19	18.88
3.57	20.89	3.24	20.66
4.27	21.49	4.46	21.73
5.55	22.24	5.11	22.08
6.71	22.69	6.81	23.02

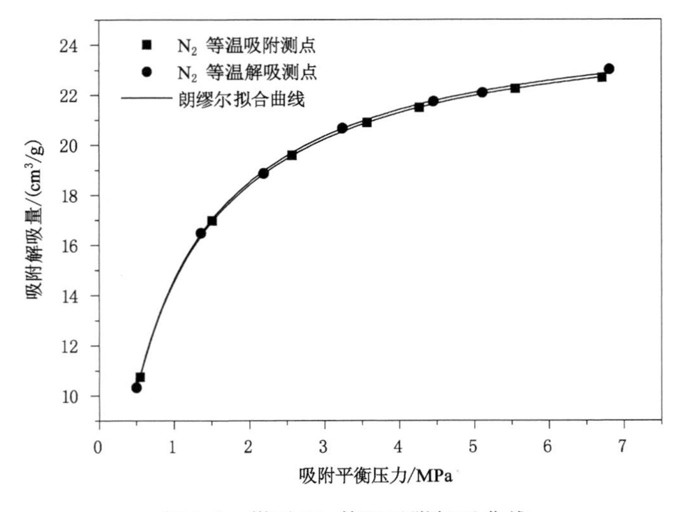

图 2-6　煤对 N_2 等温吸附解吸曲线

2.3.4 煤对 O_2 等温吸附解吸实验结果

由表 2-5 和图 2-7 可知，实验煤样对 O_2 的等温吸附解吸符合朗缪尔模型。根据吸附曲线，可得煤对 O_2 的吸附常数为：$a=17.35\ m^3/t$，$b=1.01\ MPa^{-1}$；根据解吸曲线，可得煤对 O_2 的吸附常数为：$a=17.44\ m^3/t$，$b=1.00\ MPa^{-1}$。

表 2-5　煤对 O_2 等温吸附解吸实验数据

等温吸附实验		等温解吸实验	
吸附平衡压力/MPa	吸附量/(cm^3/g)	吸附平衡压力/MPa	解吸量/(cm^3/g)
0.66	7.05	0.68	7.11
1.57	10.52	1.62	10.61
2.46	12.23	2.47	12.43
3.20	13.32	3.22	13.35
3.89	13.96	4.02	14.01
4.99	14.52	5.00	14.61
5.85	14.85	5.88	14.88
6.33	14.92	6.35	14.95

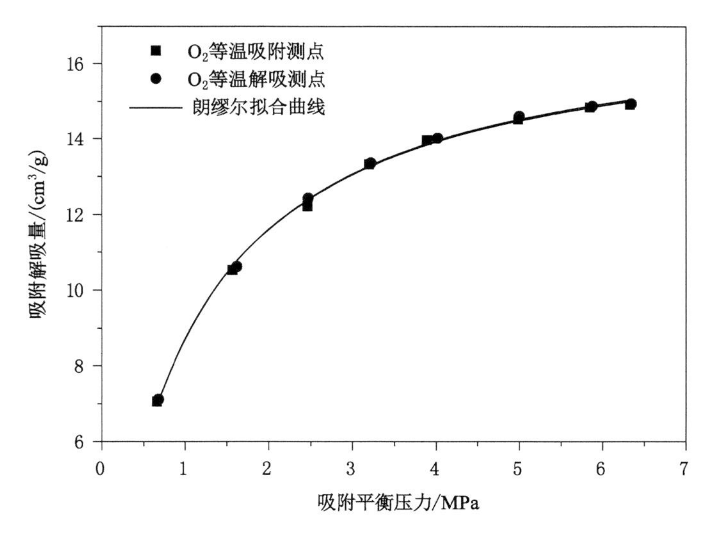

图 2-7　煤对 O_2 等温吸附解吸曲线

2.3.5 煤对 CO_2 等温吸附解吸实验结果

由表 2-6 和图 2-8 可知，实验煤样对 CO_2 的等温吸附解吸符合朗缪尔模型。根据吸附曲线，可得煤对 CO_2 的吸附常数为：$a=58.09\ m^3/t$，$b=2.30\ MPa^{-1}$；根据解吸曲线，可得煤对 CO_2 的吸附常数为：$a=59.23\ m^3/t$，$b=2.14\ MPa^{-1}$。

表 2-6　煤对 CO_2 等温吸附解吸实验数据

等温吸附实验		等温解吸实验	
吸附平衡压力/MPa	吸附量/(cm^3/g)	吸附平衡压力/MPa	解吸量/(cm^3/g)
0.52	32.09	0.50	30.67
0.97	40.02	1.06	41.12
1.62	45.08	1.64	46.12
2.17	48.18	2.04	48.22
3.02	50.77	3.00	51.26
3.86	52.58	3.8	52.77
4.76	53.46	4.7	53.89

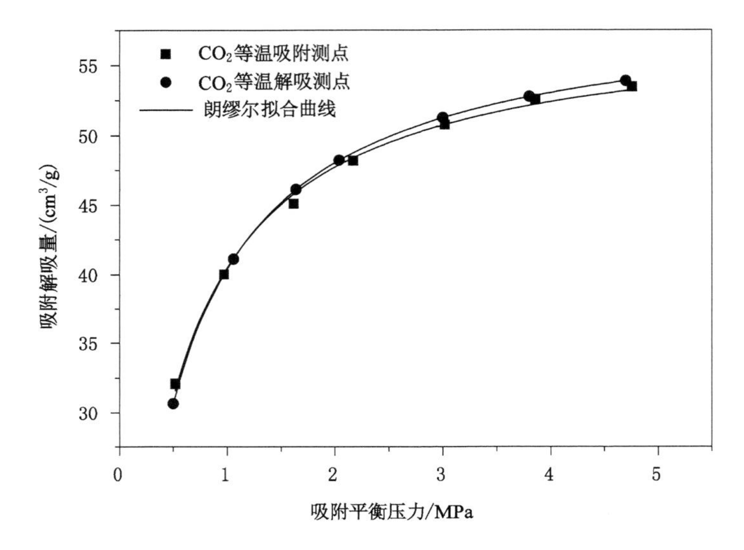

图 2-8　煤对 CO_2 等温吸附解吸曲线

2.3.6　煤对 Air 等温吸附解吸实验结果

由表 2-7 和图 2-9 可知，实验煤样对 Air 的等温吸附解吸符合朗缪尔模型。根据吸附曲线，可得煤对 Air 的吸附常数为：$a=23.61$ m^3/t，$b=1.25$ MPa^{-1}；根据解吸曲线，可得煤对 Air 的吸附常数为：$a=23.62$ m^3/t，$b=1.34$ MPa^{-1}。

表 2-7　煤对 Air 等温吸附解吸实验数据

等温吸附实验				等温解吸实验			
吸附平衡压力/MPa	吸附量/(cm^3/g)			吸附平衡压力/MPa	解吸量/(cm^3/g)		
	N_2	O_2	Air		N_2	O_2	Air
1.51	14.51	0.95	15.46	0.68	10.78	0.47	11.25
1.88	15.42	1.09	16.51	1.28	14.16	0.78	14.95

表 2-7(续)

等温吸附实验				等温解吸实验			
吸附平衡压力/MPa	吸附量/(cm^3/g)			吸附平衡压力/MPa	解吸量/(cm^3/g)		
	N_2	O_2	Air		N_2	O_2	Air
2.51	16.59	1.26	17.85	2.20	16.54	1.19	17.72
3.62	17.81	1.55	19.36	3.31	17.87	1.34	19.22
4.12	18.07	1.71	19.78	4.46	18.33	1.87	20.20
5.21	18.53	1.91	20.44	5.21	18.76	1.95	20.71

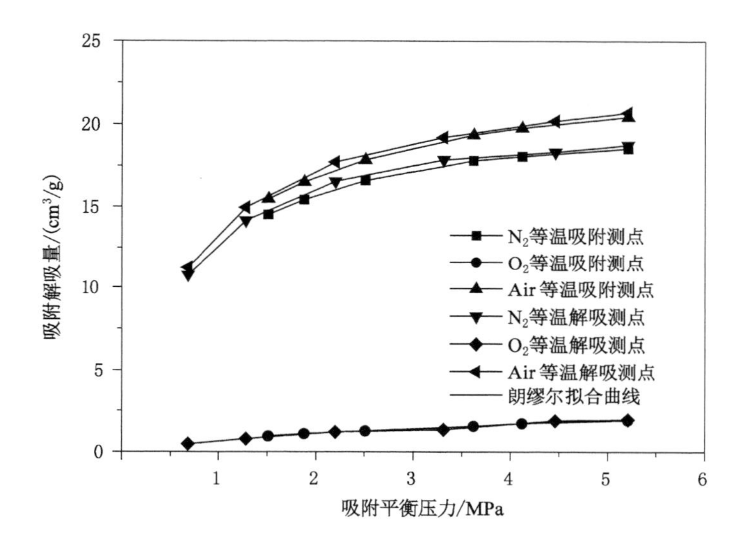

图 2-9 煤对 Air 等温吸附解吸曲线

2.3.7 煤对不同气体等温吸附解吸特性对比

煤对不同气体等温吸附解吸实验数据对比如表 2-8 所示，曲线如图 2-10 所示。

表 2-8 煤对不同气体吸附解吸实验数据对比

等温吸附实验			等温解吸实验		
气体	吸附常数		气体	吸附常数	
	a/(m^3/t)	b/MPa^{-1}		a/(m^3/t)	b/MPa^{-1}
CH_4	32.14	2.30	CH_4	31.68	2.70
He	—	—	He	—	—
N_2	25.19	1.36	N_2	25.33	1.36
O_2	17.35	1.01	O_2	17.44	1.00
CO_2	58.09	2.30	CO_2	59.23	2.14
Air	23.61	1.25	Air	23.62	1.34

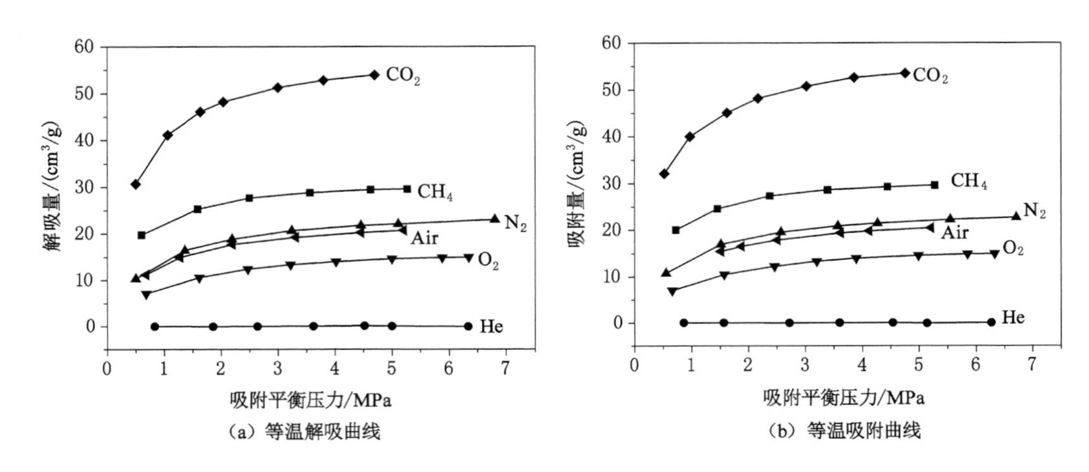

图 2-10 煤对不同气体等温吸附解吸曲线

根据表 2-8 和图 2-10 可知,煤对 6 种气体吸附性强弱顺序为 CO_2>CH_4>N_2>Air>O_2>He;CO_2 的极限解吸量为 59.23 m³/t,是 CH_4(极限解吸量为 31.68 m³/t)的 1.87 倍,是 N_2(极限解吸量为 25.33 m³/t)的 2.34 倍,是 O_2(极限解吸量为 17.44 m³/t)的 3.40 倍,是 Air(极限解吸量为 23.62 m³/t)的 2.51 倍。

第 3 章　煤层注气驱替 CH_4 模拟实验装置及实验方法

井下煤层注气驱替 CH_4 实际是注入气体与 CH_4 在煤层中竞争吸附、解吸、扩散、渗流的过程。在注气过程中，对流场、压力场等参数的实时监测难度很大。本章将在前人研究的基础上开展煤层注气驱替 CH_4 模拟实验平台、实验条件、实验方法的设计，使之能较真实地模拟煤层注气驱替瓦斯的过程，为此项技术在现场的应用推广提供理论支持。

3.1　煤层注气模拟实验装置设计

煤层注气模拟实验装置的核心是模拟腔体，它既要满足应力加载和高压注气的机械强度要求，又要满足高压气体密封要求，还要考虑各种传感器的装配问题。

3.1.1　模拟腔体尺寸

经过多方调研和咨询认为：国内很少进行该类实验，腔体越大引起的加工和密封难度越大，加之煤层注气实验最理想的实验结果是能够比较精确地描述煤层内部的渗流、浓度、温度、压力等物理场分布和变化规律，但国内外目前还没有能够精细监测渗流场、浓度场等物理场的手段，仅能通过进气口和出气口流量、浓度来粗略反映煤层内部的变化情况，因此腔体不宜过大，腔体过大会增加煤体渗流的不均匀性，使实验过程更加复杂。但腔体过小又很难反映出温度、压力在空间上的分布规律，即很难得到温度场和压力场。因此，为了兼顾这两个方面，最终将煤层注气模拟腔体尺寸（长×宽×高）定为 400 mm×300 mm×300 mm。

3.1.2　模拟腔体加工装配方式

在广泛调研的基础上，将整块轧件车铣加工而成腔体，如图 3-1 所示。为了进一步提高腔体的刚度，在其中部和上部四周分别设计了一圈加固筋。为了确保腔体刚度能够达到设计的安全标准，在腔体加工完毕后还要对其进行无损探伤，以避免存在隐伏的裂纹而导致实验过程中出现危险。

3.1.3　模拟腔体密封方式

由于模拟腔体采用整块轧件车铣加工而成，不存在腔体本身的密封问题，因此密封问题就集中在加压盖体和周边孔的密封上。加压盖体与腔体的密封采用双“O”形圈密封方式，如图 3-2 所示。为了提高腔体的密封效果，在腔体内部四周设计了加压行程段，该段不装煤样，且表面光洁度满足密封要求。

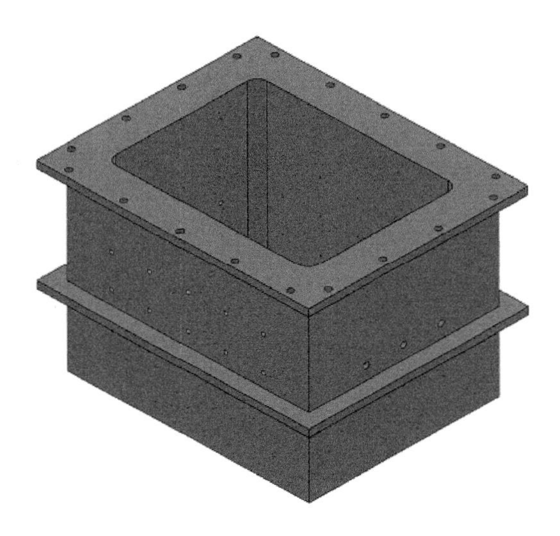

图 3-1　腔体整体结构

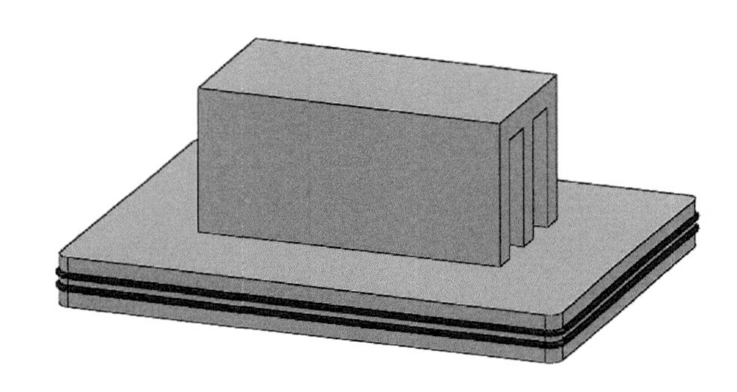

图 3-2　煤层注气模拟腔体加压盖体结构及“O”形圈密封方式

3.1.4　传感器布置与安装

腔体前后侧面板上各设计了 3×5(3 排 5 列)个预留孔,用于装配各类传感器。该实验腔体内主要布置了气体压力传感器,传感器采用外置方式,通过外径 3 mm 的钢管深入煤层预定位置,如图 3-3 所示。

煤样装载时,分层装载并预压后,将气体压力传感器的测压管通过预留的安装孔铺设到测压层位的预定位置。用金属网包裹保护测压管头部以防其被煤样堵塞,利用密封圈和螺丝紧固测压管并将其伸出到模拟腔体外,测压管外端连接气体压力传感器。气体压力传感器选用 YHT-3015 型扩散硅压力变送器,精度等级为 0.25。

3.1.5　模拟腔体应力加载方式

考虑我国多数矿井采深在 300～600 m,其地应力在 3.5～9.0 MPa 之间,因此从安全上考虑,该实验选用上海航空机械有限公司生产的实验专用液压千斤顶加载垂直应力,采用腔体壁的刚性约束限制围压。千斤顶的最大输出压力为 1 100 kN,活塞最大行程为 100 mm,

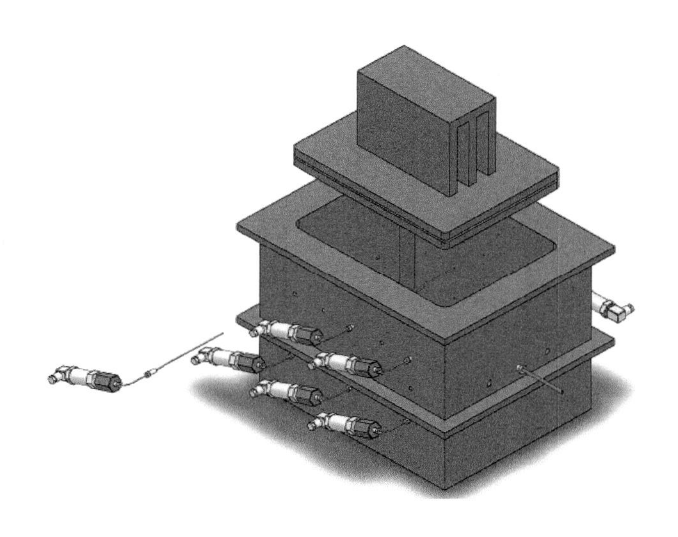

图3-3 煤层注气模拟腔体传感器布置方式

千斤顶及伺服控制系统的实物如图3-4所示。

(a) (b)

图3-4 千斤顶及伺服控制系统实物照片

模拟实验装置的最大应力加载能力为9.16 MPa,采用反力架固定。实验装置的应力加载方式如图3-5所示。

3.1.6 煤层注气模拟实验装置

模拟装置系统由应力加载单元、真空单元、注气控制单元、注气流量监测单元、出气口气体流量和浓度监测单元、煤层内气体压力监测单元等组成,如图3-6所示。

模拟装置的实物照片如图3-7所示。

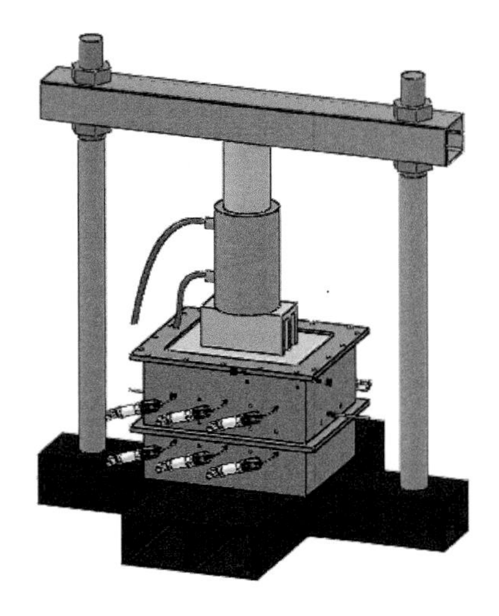

图 3-5 煤层注气模拟腔体的应力加载方式

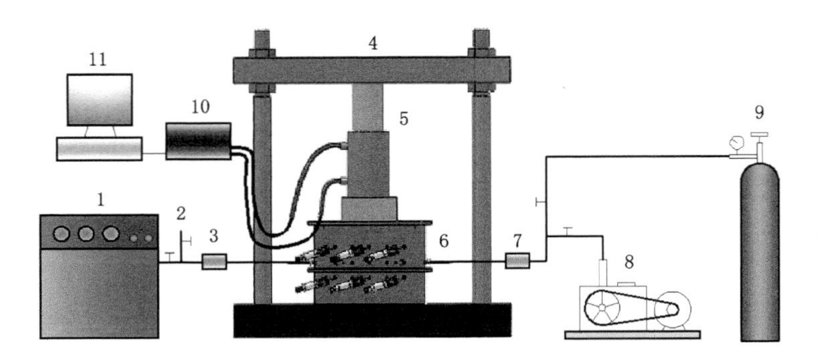

1—气相色谱仪;2—气体收集口;3—出气口低压流量计;4—反力架;5—油压千斤顶;6—模拟腔体;7—注气口高压流量计;8—真空泵;9—高压钢瓶;10—压力控制器;11—压力监控计算机。

图 3-6 煤层注气模拟装置系统图

图 3-7 煤层注气模拟装置实物图

3.2 煤层注气模拟实验条件

为了研究煤层注气驱替瓦斯消突机理，揭示注气过程中和注气泄压后瓦斯压力变化规律及残存瓦斯压力场分布规律，通过煤层动态注气模拟实验，以不同吸附性能的气体（He、N_2、CO_2、Air）为气源，在特定轴压和瓦斯吸附平衡压力的实验条件下，模拟煤层注气对煤中瓦斯的促排过程。通过监测注气压力、流量和析出气体浓度、流量等参数，在分析大量实验数据的基础上，初步揭示煤层注气过程中促排瓦斯作用机制，分析注气过程中瓦斯压力变化规律和注气后残存瓦斯压力场分布规律，评估注气过程中残留气体压力场诱导煤与瓦斯突出的风险。

3.2.1 实验煤样条件

（1）煤变质程度

在相同的赋存条件下，煤变质程度越高其瓦斯含量越大。通常煤种为无烟煤、贫煤、焦煤的煤层是典型的高瓦斯煤层。

为了使实验效果更加明显，应选用高变质程度的煤。该研究选用高变质程度的无烟煤，实验煤样采自荥巩煤田河南大峪沟煤业集团有限责任公司华泰煤矿二$_1$ 煤层。

（2）煤样类型

一般同类实验所采用的煤样主要有三种类型：原煤、型煤和颗粒煤。

原煤煤样是指采自原始煤层，且保持煤体结构、裂隙、分层和矿物质等相对完整，并采用钻取煤心进而割制成一定形状或磨制成一定厚度片状的煤样。

型煤煤样是指用一定粒度的颗粒煤，加入一定量的水分（必要时掺入黏合剂等），装入模具并采用压力成型的方式制备的煤样。

颗粒煤煤样是指制取并筛分成一定粒度的颗粒煤，它以松散状态充填在模拟腔体中。

采用原煤煤样进行注气模拟实验存在以下缺点：一是需要从煤层中采取尺寸不小于 600 mm×500 mm×500 mm 的原始煤层煤样，再加工成 400 mm×300 mm×300 mm 的原煤煤样，且不能破裂，不能产生再生裂隙。然而高瓦斯突出煤层多为裂隙极为发育的破碎煤层，或是坚固性系数极小的粉状煤层，整体采样难度极大。二是在煤样装载后需要充分充填边界空隙，有效消除边界效应，处理难度大。三是在应力加载过程中煤样由于受力不均可能产生再生裂隙，从而破坏它的原始渗流特性。因此，综合考虑不采用原煤煤样进行注气模拟实验。

该实验研究对象是承压煤层，因此不可能采用松散颗粒煤进行承压状态下的注气模拟实验。

因此，综合考虑采用型煤煤样进行煤层注气模拟实验。

（3）煤样粒度

考虑具有突出危险性的高瓦斯煤层的透气性较差，根据该实验应力加载条件确定煤样粒度小于 1 mm。

（4）煤样成型添加剂

由于该实验煤样装载在刚性腔体内，没有采用油压加载模拟围压的条件，煤样成型好，因此采用干燥煤样,不添加任何添加剂。

3.2.2 应力加载条件

该实验是在高应力、高气压条件下进行的,一旦注气压力和加载应力接近或超过腔体的耐压极限,就会导致大量高压气体携带煤粉高速喷出的现象,如果遇到高温火源则还可能发生瓦斯、煤尘爆炸。因此,为了安全起见,确定实验加载应力为 1.25 MPa。

在煤样抽真空、吸附 CH_4、注气和卸压过程中,保持加载应力为恒定状态。

3.2.3 注气前煤层瓦斯状态

煤层采掘形成新的暴露面后,煤层浅部的瓦斯会自然排放出来,从而导致煤层瓦斯压力下降,最外部(煤层表面)的瓦斯压力与大气压力相同(近似等于 0.1 MPa)。受煤层透气性的限制,煤层深部的瓦斯难以排放出来,大部分仍滞留在煤层中,因此煤层由浅至深瓦斯压力逐渐升高,到达某一深度瓦斯压力达到原始压力状态。在现场实施煤层注气时,通常是在煤层瓦斯排放达到平衡状态后进行的。因此,该实验应在煤层瓦斯自然排放后再进行注气模拟实验,以保持与现场注气条件一致。

另外,如果注气前不进行预排泄压处理,在注气的同时打开出气口阀门,则会造成大量气体涌出。这其中一部分为煤中泄出的高压游离瓦斯,另一部分为注气置换、驱替出来的瓦斯,二者混在一起难以分割,很难从中剥离出置换、驱替的瓦斯。因此,在注气前要进行预排泄压。

综上所述,该注气模拟实验注气前煤层瓦斯状态为自然泄压预排平衡状态,出气口附近煤层瓦斯压力为 0.1 MPa。

3.2.4 注气压力条件

从理论上讲,煤层注气压力应大于煤层瓦斯压力。前期现场注气工程试验中采用的注气压力较小,一般为 0.4～0.6 MPa,主要考虑的因素是受封孔质量制约的井下注气的安全性。该注气模拟实验系统具有良好的密封性、耐高压性和安全可靠性,因此可以将注气压力提高到 1 MPa 以上。

综合考虑,确定注气压力为 0.6 MPa、1.0 MPa 和 1.4 MPa。

3.2.5 煤样及模拟腔体的真空度

该模拟实验的研究对象为含瓦斯煤层,因此实验前必须对煤层进行 CH_4 的预吸附。

为了有效去除煤中残余的 CH_4、N_2、O_2 等气体和挥发性物质,首先要对模拟腔体及其煤样抽真空。关闭模拟腔体除真空系统以外与外界连通的所有通道,启动真空泵,用真空计监测腔体内的真空度,当真空度下降到 500 Pa 后,关闭抽真空通道,开始向腔体内注入高纯 CH_4 气体。这里需要说明的是,按照行业规范煤样抽真空应当达到真空度＜10 Pa 的要求,但由于本系统煤样量大,系统死空间大,经实验抽真空 3 d(72 h)以上真空度通常能达到 500 Pa 以下。如果要得到 300 Pa 以下的真空度,则抽真空需要 10 d 以上时间。因此,要满足真空度＜10 Pa 的要求,使用一般真空泵是无法实现的,必须使用分子真空泵。鉴于该模拟实验以大煤样注气过程宏观参数的测试为主,煤样中残余少量的气体和杂质对实验结果影响不大，经评估500 Pa的真空度可以满足实验要求，因此最终确定实验真空度为500 Pa。

本实验所用的真空泵为2XZ型旋片式真空泵，其极限压力≤6.0×10^{-2} Pa。

3.2.6　煤样中 CH_4 吸附平衡压力

我国矿井煤层原始瓦斯压力最大实测值为8.25 MPa(北票台吉矿，埋深729 m)，突出矿井原始煤层瓦斯压力通常为0.74～2.5 MPa，突出矿井的无突出危险区域和高瓦斯矿井煤层瓦斯压力一般在0.74 MPa以下。

由于气体具有非常大的压缩性，如果高压气体瞬间泄压则会造成非常剧烈的物理爆炸(类似锅炉爆炸、高压容器爆炸等)；另外，高压注气会导致煤层内气体压力上升，有可能诱导突出。因此，煤层注气工程实践中注气压力通常小于0.74 MPa。

综合考虑上述因素，确定该注气模拟实验中的瓦斯吸附平衡压力(相当于煤层瓦斯压力)为0.7 MPa。

3.2.7　注源气体

从纯吸附理论上讲，只有吸附性强的气体才能置换煤中比其吸附性弱的气体。但是在现场注气工程实践中发现，向煤层中注入 N_2、Air等吸附性比瓦斯弱的气体时，仍能够较高效地置换-驱替煤中瓦斯。因此，选择注源气体应充分考虑其与 CH_4 吸附性强弱的关系。

基于上述考虑，选择吸附性为零的He(简称非吸附性气体)、吸附性较强的 CO_2(简称强吸附性气体)、吸附性较弱的 N_2(简称弱吸附性气体)和由吸附性均较弱的 N_2 和 O_2 构成的Air(简称弱吸附性混合气体)进行注气模拟实验。

3.2.8　注气结束条件

煤层注气后，煤中大量的 CH_4 被源源不断地置换-驱替出来，并从腔体出气口排出。随着注气实验的不断进行，煤中的 CH_4 含量逐渐减小，出气口气体中的 CH_4 浓度也越来越小，最终趋向0。但要使出气口 CH_4 浓度为0，则需要相当长的注气实验时间。为了便于完成各类实验，确定当出气口 CH_4 浓度小于10%时，就可结束注气实验。

3.2.9　模拟实验结束条件

注气结束后，煤层中仍有高压 CH_4 和注源气体残留，需要进行泄压排放。因此，在该模拟实验注气结束后，打开出气口进行自然排放泄压，当出气口流量接近0时结束模拟实验。

3.3　煤层注气模拟实验方法

根据煤层注气特征，综合考虑煤层注气过程中的各个环节，确定了包括“分层预压装载煤样→抽真空→充入 CH_4 吸附平衡→高压游离 CH_4 泄压预排→注气→注气结束后自然泄压排放”6个关键步骤的实验方法。实验方法流程框图如图3-8所示。

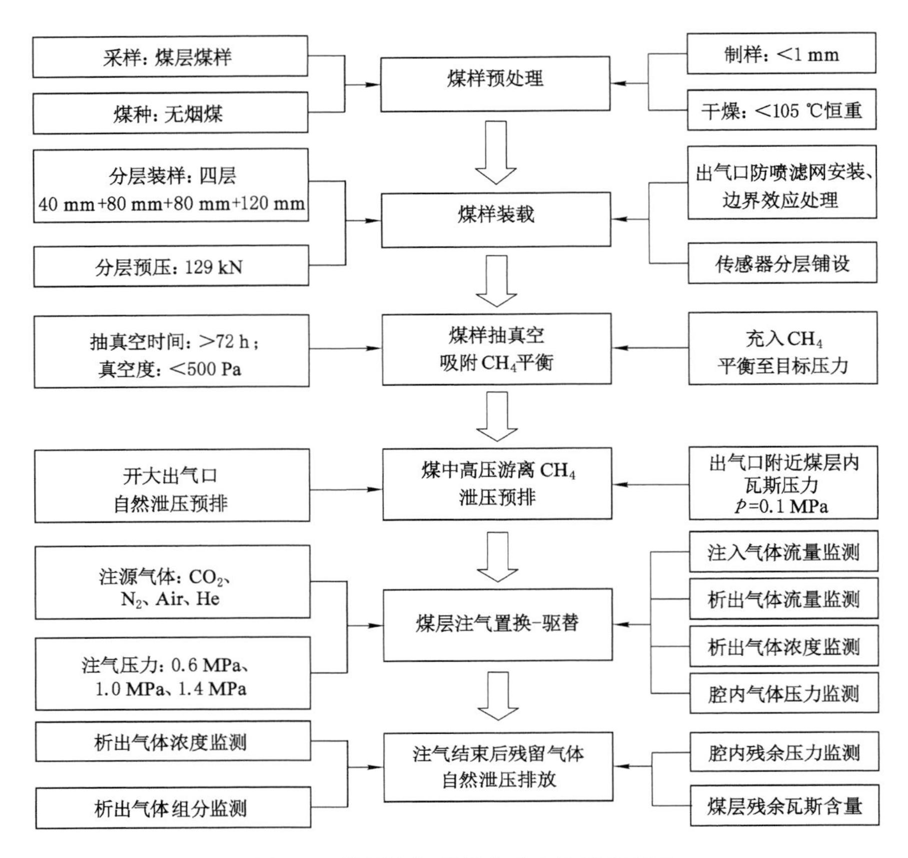

图 3-8　煤层注气模拟实验方法流程框图

3.3.1　分层预压装载煤样

鉴于实验模拟条件为承压煤层，煤层装载厚度为 300 mm，如果一次装载到预定厚度后再压实，则可能导致中下部煤样压实不充分，上下部煤样压实程度不均，从而造成煤层透气性的差异；另外，在煤层不同厚度处需要预埋气体压力传感器，这也需要分层装载煤样，但如果不进行充分预压，则煤层在应力加载过程中受压变形较大可能会导致传感器损坏。因此，实验煤样的装载应采取分层装载、分层预压的方式。

实验煤样的采集、装载方式如表 3-1 所示。

表 3-1　实验煤样的采集、装载方式

煤样采集地点	煤种	粒度/mm	装载方式	装样层数	分层厚度/mm	预压力/kN	预压时间/min
华泰煤矿二$_1$煤层	无烟煤	<1	分层装载、分层预压	4 层	40＋80＋80＋120	150	2

3.3.2　抽真空

向装载煤样加载应力，利用真空泵对煤样和腔体抽真空，当腔体内真空度小于 500 Pa

时，停止抽真空，向煤样中注入纯度不小于99.99%的 CH_4 气体。

3.3.3 充入 CH_4 吸附平衡

向煤样中注入纯度不小于99.99%的 CH_4 气体，并保持吸附平衡时间不少于72 h。当压力发生变化时，通过补气或放气的方式调整压力到目标值，并保持吸附平衡时间不少于24 h。

3.3.4 高压游离 CH_4 泄压预排

在煤层吸附 CH_4 平衡后，腔体的自由空间内储存了大量高压 CH_4，如果不进行预排就进行注气，则初始阶段出气口流出的气体与注气没有任何关系，属高压游离气体自然排放。因此，在注气前需要对腔体内的游离 CH_4 进行预排，当出气口附近气体压力接近0.1 MPa时，表明高压游离 CH_4 排放结束，进入煤层自然排放 CH_4 阶段，此时，出气口气体的变化规律才能反映煤层注气驱替、置换特征。

3.3.5 注气

在煤层自然泄压预排结束后，按照实验方案设定的注气压力(0.6 MPa、1.0 MPa和1.4 MPa)向煤层中注气。在注气过程中监测注气压力、注气流量、出气口流量、腔体孔隙压力、出气口气体组分及浓度等参数。当出气口 CH_4 浓度小于10%，且长时间保持稳定时注气结束。

3.3.6 注气结束后自然泄压排放

煤层注气结束后，关闭注气气源，腔体内的高压气体开始自然泄压排放，当出气口流量接近0时结束模拟实验。泄压期间需要继续监测出气口的流量、气体组分及浓度情况。

第4章　不同注源气体驱替CH_4效果及机理研究

根据第3章所搭建的实验平台和提出的实验方法，进行注气（He、CO_2、N_2、Air）驱替CH_4模拟实验，研究注气气源、注气压力、注气流量、注气时间等对注气驱替CH_4效果的影响规律，根据所得到的实验结果研究不同注源气体驱替CH_4机理的差异性。

4.1　煤层注He驱替CH_4物理模拟实验

4.1.1　实验条件及结果

在本次注He驱替CH_4的实验中，装样量为39.85 kg，加载轴压为150 kN；CH_4吸附平衡压力为0.68～0.70 MPa，吸附平衡时间为31 h以上，吸附前真空度小于500 Pa；预排游离CH_4结束时压力不超过0.1 MPa，注气压力分别为0.6 MPa、1.0 MPa和1.4 MPa。详见表4-1。

表4-1　注He驱替CH_4实验条件及结果

序号	参　数	值			备注
		注气压力0.6 MPa	注气压力1.0 MPa	注气压力1.4 MPa	
1	装样量/kg	39.85	39.85	39.85	
2	轴压/kN	150	150	150	
3	吸附平衡压力/MPa	0.68	0.70	0.70	
4	抽真空时间/h	72	72	72	
5	最终真空度/Pa	320	430	480	
6	吸附平衡时间/h	48	37	31	
7	CH_4吸附量/L	306.00	308.00	301.61	
8	预排游离CH_4结束时压力/MPa	0.10	0.10	0.09	
9	注入He体积/L	243.80	508.40	437.64	
10	析出混合气体体积/L	327.60	611.00	466.50	
11	析出CH_4体积/L	99.80	129.36	76.01	
12	析出He体积/L	227.27	493.67	387.99	
13	滞留煤中He体积/L	16.03	14.73	49.65	
14	实验结束时CH_4浓度/%	17.74	12.71	9.09	
15	实验结束时He浓度/%	82.26	87.29	90.63	

4.1.2　注入气体与析出混合气体流量随注气时间变化规律

注 He 驱替煤层 CH_4 实验过程中注入气体和析出混合气体流量随注气时间变化规律如图 4-1 所示。

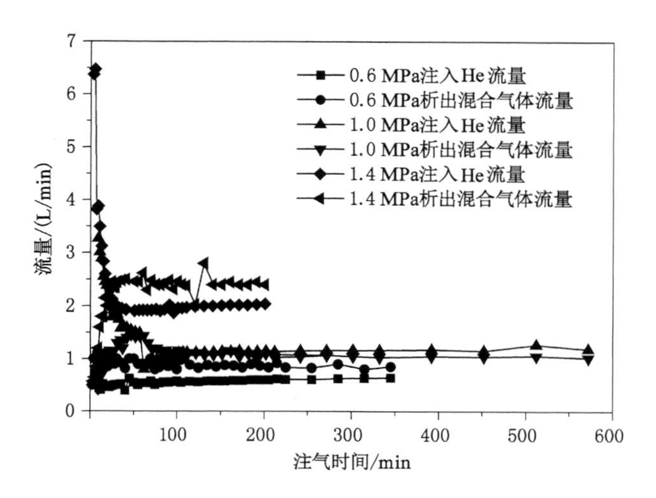

图 4-1　注入气体和析出混合气体流量随注气时间变化规律

由图 4-1 可以得出以下结论：(1) 初始注入 He 流量较大，并迅速下降，以持续稳定流量注入煤层。在 He 注入的初期，注气流量较大，注气压力为 0.6 MPa 时，注气 8 min 析出混合气体流量上升到 1.1 L/min，注气压力为 1.0 MPa 时，注气 21 min 析出混合气体流量上升到 1.1 L/min，注气压力为 1.4 MPa 时，注气 9 min 析出混合气体流量上升到 1.2 L/min。这是由于注气前煤样自由空间内的气体大量排出，自由空间压力较低，He 注入后迅速充填这些自由空间，且腔体内的压力迅速上升。注气压力为 0.6 MPa 时，注入气体流量最大达到 5.94 L/min，在 10 min 内迅速下降至 0.4 L/min 左右，之后呈现略微上升趋势，并稳定在 0.6 L/min 上下。注气压力为 1.0 MPa 时，注入气体流量最大达到 3.27 L/min，在 60 min 内迅速下降至 0.8 L/min，之后缓慢上升，并稳定在 1.12 L/min 上下。注气压力为 1.4 MPa 时，注入气体流量最大达到 6.37 L/min，在 30 min 内迅速下降至 2 L/min 左右并趋于稳定。(2) 注气压力越高，注入 He 和析出混合气体稳定流量越大。注气压力由 0.6 MPa 上升到 1.4 MPa 时，注入 He 稳定流量由 0.6 L/min 上升到 2 L/min，析出混合气体稳定流量由 0.8 L/min 上升到 2.4 L/min。析出混合气体稳定流量略大于注入 He 稳定流量，这是由于煤对 He 不吸附，煤中游离 CH_4 被 He 气流携带出来。

4.1.3　析出气体浓度随注气时间变化规律

注 He 驱替煤层 CH_4 实验过程中析出气体浓度随注气时间变化规律如图 4-2 所示。

由图 4-2 可以得出以下结论：初始析出 CH_4 浓度急剧下降，注气压力越高，CH_4 浓度下降越快。注气压力为 0.6 MPa 时，注气 20 min 析出 CH_4 浓度急剧下降到 60%，注气 375 min 时下降到 17.74%。注气压力为 1.0 MPa 时，注气 20 min 析出 CH_4 浓度急剧下降到 60%，注气 35 min 时下降到 40%，注气 572 min 时下降到 12.71%。注气压力为

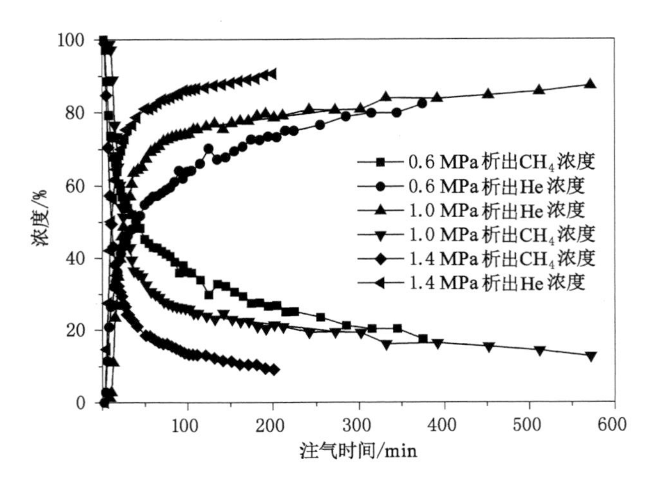

图 4-2 析出气体浓度随注气时间变化规律

1.4 MPa 时，注气 8 min 析出 CH_4 浓度急剧下降到 60%，注气 14 min 时下降到 40%，注气 201 min 时下降到 9.09%。这说明注气压力越高，He 通过煤层的流速越快，游离 CH_4 被带出的速度越快，其浓度下降得也越快。

4.1.4 析出 CH_4 流量随注气时间变化规律

注 He 驱替煤层 CH_4 实验过程中析出 CH_4 流量随注气时间变化规律如图 4-3 所示。

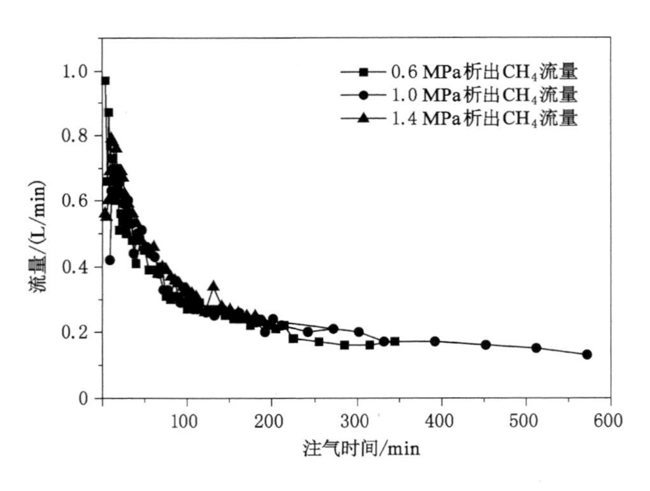

图 4-3 析出 CH_4 流量随注气时间变化规律

由图 4-3 可以得出以下结论：不同注气压力条件下，析出 CH_4 流量均呈对数下降，无明显分级现象。不同注气压力下，析出 CH_4 流量下降趋势均符合对数函数关系，三条曲线均可粗略地用方程 $y=-0.168\ 78\ln x+1.096\ 4$ 来描述。析出 CH_4 最大流量为 0.97 L/min 左右，最小流量为 0.16 L/min 左右。

4.1.5　析出 CH_4 体积随注气时间变化规律

注 He 驱替煤层 CH_4 实验过程中析出 CH_4 体积随注气时间变化规律如图 4-4 所示。

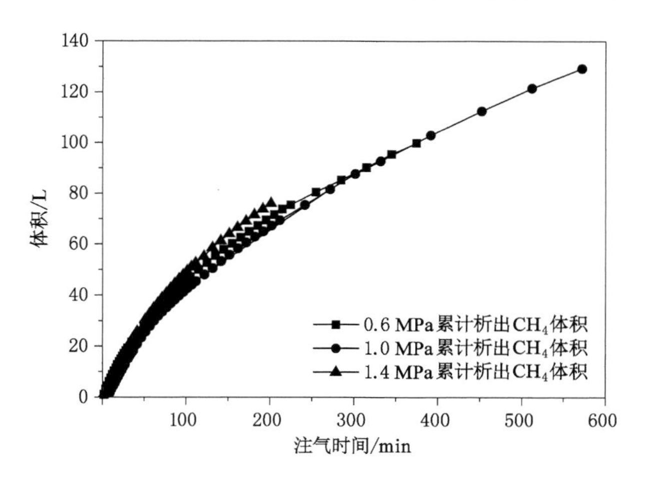

图 4-4　析出 CH_4 体积随注气时间变化规律

由图 4-4 可以得出以下结论：不同注气压力条件下，累计析出 CH_4 体积差别不明显，从经济角度考虑，注气压力越大，效益越差。注气压力为 0.6 MPa 注气结束时，注入 He 243.8 L，析出 CH_4 99.8 L；注气压力为 1.0 MPa 注气结束时，注入 He 508.4 L，析出 CH_4 129.36 L；注气压力为 1.4 MPa 注气结束时，注入 He 437.64 L，析出 CH_4 76.01 L。不同注气压力条件下，累计析出 CH_4 体积变化趋势均符合二次函数关系，三条曲线均可粗略地用方程 $y=-0.000\ 39x^2+0.464\ 63x-9.282\ 1$ 来描述。

4.1.6　滞留煤中 He 体积随注气时间变化规律

注 He 驱替煤层 CH_4 实验过程中滞留煤中 He 体积随注气时间变化规律如图 4-5 所示。

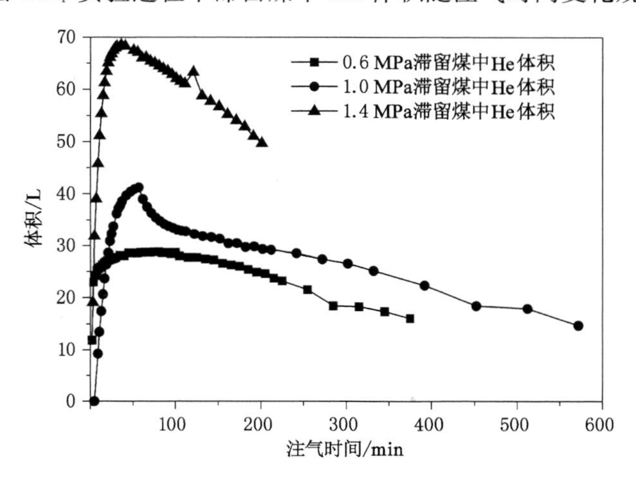

图 4-5　滞留煤中 He 体积随注气时间变化规律

由图 4-5 可以得出以下结论：注气初始时滞留煤中 He 体积急剧上升，随后下降并趋于平缓，注气压力越大，滞留煤中 He 体积越大。注气压力为 0.6 MPa 时，注气 35 min 滞留煤中 He 体积达到峰值 28 L，注气结束（注气 375 min）时滞留煤中 He 体积为 16.03 L。注气压力为 1.0 MPa 时，注气 47 min 滞留煤中 He 体积达到峰值 40 L，注气结束（注气 572 min）时滞留煤中 He 体积为 14.73 L。注气压力为 1.4 MPa 时，注气 29 min 滞留煤中 He 体积达到峰值 68 L，注气结束（注气 201 min）时滞留煤中 He 体积为 49.65 L。

4.2 煤层注 N_2 驱替 CH_4 物理模拟实验

4.2.1 实验条件及结果

在本次注 N_2 驱替 CH_4 的实验中，装样量为 39.85 kg，加载轴压为 150 kN；CH_4 吸附平衡压力为 0.69～0.71 MPa，吸附平衡时间为 37 h 以上，吸附前真空度小于 660 Pa；预排游离 CH_4 结束时压力为 0.1～0.14 MPa，注气压力分别为 0.6 MPa、1.0 MPa 和 1.4 MPa。详见表 4-2。

表 4-2 注 N_2 驱替 CH_4 实验条件及结果

序号	参数	值			备注
		注气压力 0.6 MPa	注气压力 1.0 MPa	注气压力 1.4 MPa	
1	装样量/kg	39.85	39.85	39.85	
2	轴压/kN	150	150	150	
3	吸附平衡压力/MPa	0.71	0.69	0.69	
4	抽真空时间/h	96	72	91	
5	最终真空度/Pa	440	660	400	
6	吸附平衡时间/h	48	38	37	
7	CH_4 吸附量/L	372.85	294.76	301.61	
8	预排游离 CH_4 结束时压力/MPa	0.14	0.10	0.11	
9	注入 N_2 体积/L	464.72	840.07	904.95	
10	析出混合气体体积/L	579.50	1 006.40	844.50	
11	析出 CH_4 体积/L	197.74	188.82	160.86	
12	析出 N_2 体积/L	393.62	674.38	683.64	
13	滞留煤中 N_2 体积/L	71.10	165.69	221.31	
14	实验结束时 CH_4 浓度/%	12.27	13.36	9.12	
15	实验结束时 N_2 浓度/%	87.73	86.64	90.88	

4.2.2 注入气体与析出混合气体流量随注气时间变化规律

注 N_2 驱替煤层 CH_4 实验过程中注入气体和析出混合气体流量随注气时间变化规律如图 4-6 所示。

由图 4-6 可以得出以下结论：(1) 初始注入 N_2 流量较大，且注气压力越高，注入 N_2 的流

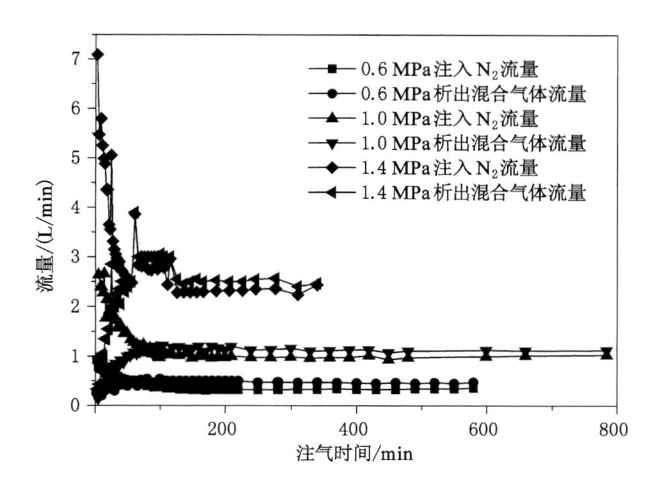

图 4-6　注入气体和析出混合气体流量随注气时间变化规律

量越大。这是由于注气前煤样自由空间内的气体大量排出，自由空间压力较低，N_2 注入后迅速充填这些自由空间，且腔体内的压力迅速上升。注气压力为 0.6 MPa 时，注入气体流量最大达到 0.93 L/min，在 24 min 内下降至 0.49 L/min，在 110 min 内下降至 0.35 L/min，最终稳定在 0.33 L/min。注气压力为 1.0 MPa 时，注入气体流量最大达到 2.64 L/min，在 22 min 内下降至 1.95 L/min，在 104 min 内下降至 1.10 L/min，最终稳定在 1.0 L/min 上下。注气压力为 1.4 MPa 时，注入气体流量最大达到 7.09 L/min，在 23 min 内下降至 3.55 L/min，在 66 min 内下降至 2.84 L/min，之后略有变化，最终稳定在 2.30 L/min。(2) 初始时析出混合气体流量迅速上升，注气压力越高，流量越大。注气压力为 0.6 MPa 时，注气 45 min 析出混合气体流量上升到 0.5 L/min。注气压力为 1.0 MPa 时，注气 18 min 析出混合气体流量上升到 0.55 L/min。注气压力为 1.4 MPa 时，注气 13 min 析出混合气体流量上升到 1.0 L/min。(3) 析出混合气体流量大于注入气体流量，且差距逐渐缩小。注气压力为 0.6 MPa 时，析出混合气体流量稳定在 0.5 L/min，注入气体流量稳定在 0.33 L/min。注气压力为 1.0 MPa 时，析出混合气体流量稳定在 1.2 L/min，注入气体流量稳定在 1.0 L/min。注气压力为 1.4 MPa 时，析出混合气体流量稳定在 2.5 L/min，注入气体流量稳定在 2.30 L/min。这是由于煤对 CH_4 的吸附能力大于对 N_2 的吸附能力，不断注入的 N_2 不能占据 CH_4 解吸后空出来的所有吸附位。

4.2.3　析出气体浓度随注气时间变化规律

注 N_2 驱替煤层 CH_4 实验过程中析出气体浓度随注气时间变化规律如图 4-7 和表 4-3 所示。

表 4-3　析出气体浓度统计表

注气压力/MPa	注气时间/min	CH_4 浓度/%	N_2 浓度/%
0.6	0→15→1 210	0→100→12.27	0→0→87.73
1.0	0→12→784	0→100→13.36	0→0→86.64
1.4	0→6→340	0→100→9.12	0→0→90.88

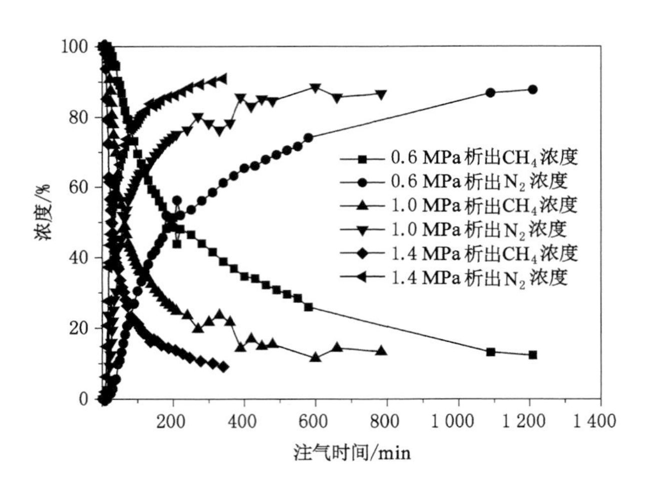

图 4-7　析出气体浓度随注气时间变化规律

由图 4-7 和表 4-3 可以得出以下结论:(1) 初始时只有 CH_4 析出,CH_4 浓度和 N_2 浓度此消彼长,浓度变化速度逐渐放缓。注气压力为 0.6 MPa 时,注气 15 min 内 CH_4 浓度一直为 100%,N_2 浓度为 0,说明没有 N_2 析出;之后,CH_4 浓度和 N_2 浓度此消彼长,到注气 120 min 时,CH_4 浓度下降到 50%,N_2 浓度上升到 50%;随着 N_2 的持续注入,CH_4 浓度和 N_2 浓度变化速度逐渐放缓,注气结束(注气 1 210 min)时 CH_4 浓度下降到 12.27%,N_2 浓度上升到 87.73%。注气压力为 1.0 MPa 时,注气 12 min 内 CH_4 浓度一直为 100%,没有 N_2 析出;之后,CH_4 浓度和 N_2 浓度此消彼长,到注气 55 min 时,CH_4 浓度下降到 50%,N_2 浓度上升到 50%;随着 N_2 的持续注入,CH_4 浓度和 N_2 浓度变化速度逐渐放缓,注气结束(注气 784 min)时 CH_4 浓度下降到 13.36%,N_2 浓度上升到 86.64%。注气压力为 1.4 MPa 时,注气 6 min 内 CH_4 浓度一直为 100%,没有 N_2 析出;之后,CH_4 浓度和 N_2 浓度此消彼长,到注气 27 min 时,CH_4 浓度下降到 50%,N_2 浓度上升到 50%;随着 N_2 的持续注入,CH_4 浓度和 N_2 浓度变化速度逐渐放缓,注气结束(注气 340 min)时 CH_4 浓度下降到 9.12%,N_2 浓度上升到 90.88%。(2) 注气压力越高,N_2 通过煤样析出时间越短,气体浓度变化越快。注气压力为 0.6 MPa 时,注气 15 min 析出 N_2,CH_4 浓度下降到 50%需要 120 min;注气压力为 1.0 MPa 时,注气 12 min 析出 N_2,CH_4 浓度下降到 50%需要 55 min;注气压力为 1.4 MPa 时,注气 6 min 析出 N_2,CH_4 浓度下降到 50%只需要 27 min。同时,说明提高注气压力后,N_2 在煤样中流动时损失的量补充得更快了,所以 N_2 更快析出。

4.2.4　N_2 的突破时间

突破时间是指注源气体进入煤样后,在最初一段时间内完全滞留在煤样中,不会从出气口流出,我们将这段时间称为该注源气体的突破时间。

从表 4-3 和图 4-7 可知,在相同条件下,注气压力越大,N_2 的突破时间越短,注气压力由 0.6 MPa 提高到 1.4 MPa 时,N_2 的突破时间由 15 min 降到 6 min。

从图 4-7 可知,注气压力为 0.6 MPa 时,析出 CH_4 浓度随注气时间延长呈逐渐下降趋势。注气开始时,出气口只有 CH_4 排出,15 min 后才有 N_2 排出,且 N_2 浓度逐渐增大。对比相同条件下注 He 驱替时，仅 4 min 出气口就有 He 排出，说明 N_2 的突破时间明显大于 He 的突破时间，这是由于煤对 N_2 的吸附性比对 He 的吸附性强。在这 15 min 内，共注入 N_2 约 12.21 L，这些 N_2 进入腔体后，一部分会驱赶着腔体内的游离 CH_4 向出气口流动，还有一部分在流动过程中被煤体吸附，总体会呈现吸附态和游离态两种赋存状态。吸附态的 N_2 一部分占据了煤中原来的空吸附位，另一部分占据了煤中原来吸附 CH_4 的吸附位。由于在注气前进行泄压放气，排出了腔体内的游离 CH_4，同时也有一部分吸附态的 CH_4 解吸排出，煤样中会有大量空的吸附位，而 N_2 碰撞到尚未吸附 CH_4 的空吸附位上时就会被吸附。随着注入 N_2 的增加，一部分 CH_4 排出，CH_4 分压的降低致使更多的吸附态 CH_4 解吸，从而会有更多的 N_2 吸附，但是煤对 N_2 的吸附性较弱，注气 15 min 时，煤体已经无法将注入的 N_2 在沿程全部吸附，所以 N_2 在此时突破腔体。在 N_2 刚突破腔体时，煤体中吸附的 CH_4 量较大，CH_4 解吸速度下降得也较快，随着解吸的进行，煤体中吸附的 CH_4 越来越少，可以解吸的 CH_4 量也在不断下降，所以 N_2 携载的 CH_4 量亦不断下降，且下降速度慢慢减小。所以 N_2 浓度总体的上升速度是减慢的。当注气压力提高到 1.0 MPa 时，N_2 的突破时间缩短至 12 min。当 N_2 浓度上升至 50%后，其增长速度明显下降，注气 784 min 后 CH_4 浓度下降至 13.36%。注气压力继续增至 1.4 MPa 后，N_2 的突破时间缩短到 6 min，可见随注气压力增加，N_2 在腔体内的流动速度显著提高。

4.2.5　析出 CH_4 流量随注气时间变化规律

注 N_2 驱替煤层 CH_4 实验过程中析出 CH_4 流量随注气时间变化规律如图 4-8 所示。

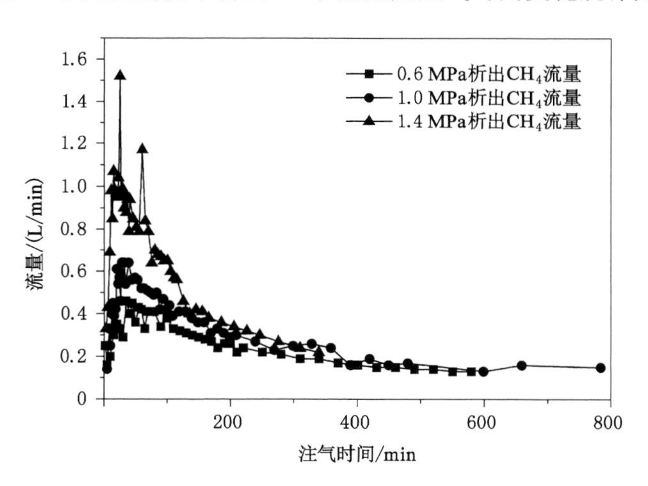

图 4-8　析出 CH_4 流量随注气时间变化规律

由图 4-8 可以得出以下结论：不同注气压力下，析出 CH_4 流量呈现明显的分级特征。无论注气压力多大，析出 CH_4 流量都呈现先升后降的规律，注气压力越高，析出 CH_4 流量峰值越大；但随着注气时间延长，不同注气压力下的析出 CH_4 流量逐渐降至 0.2 L/min 左右。

4.2.6　析出 CH_4 体积随注气时间变化规律

注 N_2 驱替煤层 CH_4 实验过程中析出 CH_4 体积随注气时间变化规律如图 4-9 所示。

由图 4-9 可以得出以下结论：不同的注气压力下，析出 CH_4 体积表现出明显的分级现象。

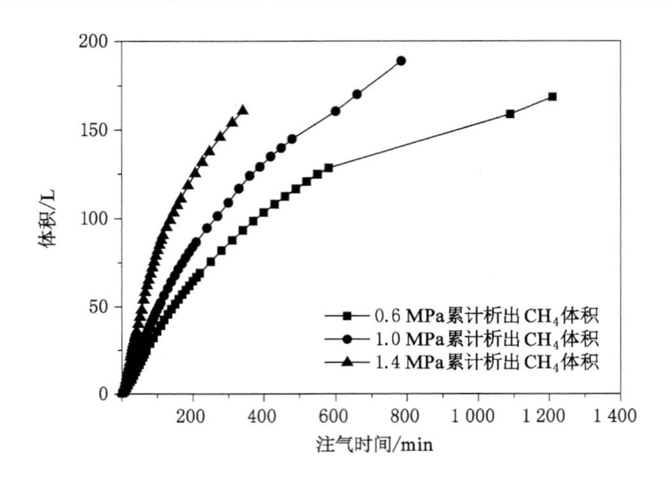

图 4-9 析出 CH_4 体积随注气时间变化规律

注气压力越高，相同时间内析出的 CH_4 体积越大，说明注气压力与驱替效果之间存在着正相关关系。当注气 340 min 时，注气压力为 0.6 MPa、1.0 MPa 和 1.4 MPa 下累计析出的 CH_4 体积分别为 92.5 L、120.8 L 和 160.9 L。

4.2.7 滞留煤中 N_2 体积随注气时间变化规律

注 N_2 驱替煤层 CH_4 实验过程中滞留煤中 N_2 体积随注气时间变化规律如图 4-10 和表 4-4 所示。

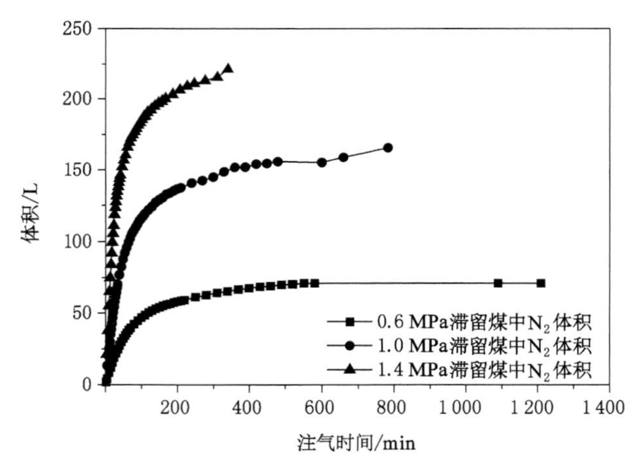

图 4-10 滞留煤中 N_2 体积随注气时间变化规律

表 4-4 滞留煤中 N_2 体积统计表

注气压力/MPa	注气时间/min	注入 N_2 体积/L	滞留煤中 N_2 体积/L	析出 N_2 体积/L
0.6	0→15→1 210	0→12.21→464.72	0→12.21→71.10	0→0→393.62
1.0	0→12→784	0→29.76→840.07	0→29.76→165.69	0→0→674.38
1.4	0→6→340	0→37.68→904.95	0→37.68→221.31	0→0→683.64

由图 4-10 和表 4-4 可以得出以下结论：(1) N_2 突破腔体前，注入 N_2 全部滞留在煤中。注气压力为 0.6 MPa 时，N_2 的突破时间为 15 min，滞留煤中 N_2 体积为 12.21 L；注气压力为 1.0 MPa 时，N_2 的突破时间为 12 min，滞留煤中 N_2 体积为 29.76 L；注气压力为 1.4 MPa 时，N_2 的突破时间为 6 min，滞留煤中 N_2 体积为 37.68 L。(2) 注气初始，滞留煤中 N_2 体积急剧上升，之后趋于稳定，且注气压力越大，滞留煤中 N_2 体积越大。注气压力为 0.6 MPa 时，注气 120 min，滞留煤中 N_2 体积为 50 L，注气结束(注气 1 210 min)时滞留煤中 N_2 体积为 71.10 L。注气压力为 1.0 MPa 时，注气 120 min，滞留煤中 N_2 体积为 120 L，注气结束(注气 784 min)时滞留煤中 N_2 体积为 165.69 L。注气压力为 1.4 MPa 时，注气 120 min，滞留煤中 N_2 体积为 190 L，注气结束(注气 340 min)时滞留煤中 N_2 体积为 221.31 L。

4.3　煤层注 CO_2 驱替 CH_4 物理模拟实验

4.3.1　实验条件及结果

在本次注 CO_2 驱替 CH_4 的实验中，装样量为 39.85 kg，加载轴压为 150 kN；CH_4 吸附平衡压力为 0.65～0.69 MPa，吸附平衡时间为 32 h 以上，吸附前真空度小于 510 Pa，预排游离 CH_4 结束时压力为 0.1～0.12 MPa，注气压力分别为 0.6 MPa、1.0 MPa 和 1.4 MPa。详见表 4-5。

表 4-5　注 CO_2 驱替 CH_4 实验条件及结果

序号	参　数	值			备注
		注气压力 0.6 MPa	注气压力 1.0 MPa	注气压力 1.4 MPa	
1	装样量/kg	39.85	39.85	39.85	
2	轴压/kN	150	150	150	
3	吸附平衡压力/MPa	0.69	0.65	0.69	
4	抽真空时间/h	72	72	72	
5	最终真空度/Pa	410	510	440	
6	吸附平衡时间/h	48	32	37	
7	CH_4 吸附量/L	363.55	278.08	328.81	
8	预排游离 CH_4 结束时压力/MPa	0.12	0.11	0.10	
9	注入 CO_2 体积/L	897.10	1 876.04	1 407.07	
10	析出混合气体体积/L	473.50	1 147.50	585.00	
11	析出 CH_4 体积/L	248.20	271.63	252.39	
12	析出 CO_2 体积/L	225.20	875.86	332.61	
13	滞留煤中 CO_2 体积/L	671.90	1 000.18	1 074.46	
14	实验结束时 CH_4 浓度/%	6.20	4.99	6.94	
15	实验结束时 CO_2 浓度/%	93.80	95.01	93.06	

4.3.2 注入气体与析出混合气体流量随注气时间变化规律

注 CO_2 驱替煤层 CH_4 实验过程中注入气体与析出混合气体流量随注气时间变化规律如图 4-11 所示。

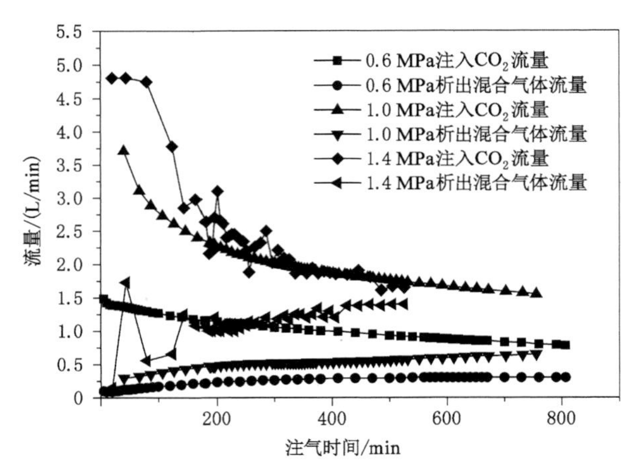

图 4-11 注入气体和析出混合气体流量随注气时间变化规律

由图 4-11 可以得出以下结论：(1) 注气流量持续缓慢下降(注气压力为 0.6 MPa)。注气压力为 0.6 MPa 时，注入 CO_2 的气体流量随着注气时间的延长缓慢下降，从最大值 1.49 L/min 一直缓慢下降到最小值 0.55 L/min。(2) 初始注气流量较大，之后迅速下降，最后趋于平缓下降(注气压力为 1.0 MPa、1.4 MPa)。当注气压力为 1.0 MPa 时，注气流量最大达 5.01 L/min，在注气27 min 时下降至 3.11 L/min，在注气 256 min 时下降至 2.1 L/min，之后缓慢下降，在注气结束时为 1.32 L/min。当注气压力为 1.4 MPa 时，注气流量最大达 4.81 L/min，在注气 164 min 时下降至 2.98 L/min，在注气 326 min 时下降至 2.07 L/min，在注气结束时为 1.65 L/min。(3) 析出混合气体流量总体上呈增加趋势，并表现出明显的分级现象。注气压力为 0.6 MPa 时，析出混合气体流量为 0.1～0.3 L/min；注气压力为 1.0 MPa 时，析出混合气体流量为 0.30～0.65 L/min；注气压力为 1.4 MPa 时，析出混合气体流量为 0.60～1.40 L/min。

4.3.3 析出气体浓度随注气时间变化规律

注 CO_2 驱替煤层 CH_4 实验过程中析出气体浓度随注气时间变化规律如图 4-12 所示。

由图 4-12 可以得出以下结论：析出 CO_2 气体表现出明显的滞后现象，在析出混合气体中出现 CO_2 后，CH_4 浓度急剧下降，CO_2 浓度急剧上升，二者此消彼长。注气初期的一段较长时间内，析出混合气体中 CH_4 浓度为 100%，无 CO_2，CO_2 表现出明显的滞后现象。滞后时间随注气压力的不同而异，注气压力为 0.6 MPa、1.0 MPa 和 1.4 MPa 时，CO_2 析出的滞后时间分别为 440 min、236 min 和 144 min，即 CO_2 析出的滞后时间随注气压力的增加而变短。注气压力为 0.6 MPa 时，CH_4 浓度从 100%下降到 29.15%用了 367 min；注气压力为 1.0 MPa 时，CH_4 浓度从 100%下降到 6.57%用了 520 min；注气压力为 1.4 MPa 时，CH_4 浓度从 100%下降到 6.94%用了 382 min。

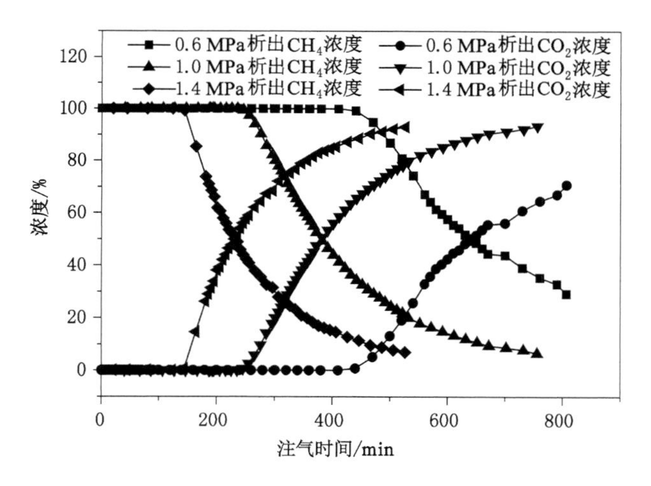

图 4-12　析出气体浓度随注气时间变化规律

4.3.4　CO_2 的突破时间

注 CO_2 驱替煤层 CH_4 实验过程中不同注气压力条件下 CO_2 的突破时间如表 4-6 所示。

表 4-6　CO_2 的突破时间

注气压力/MPa	CO_2 的突破时间/min	注气时间/min	CH_4 浓度/%
0.6	440	440→1 627	100→5.2
1.0	236	236→1 426	100→5.0
1.4	144	144→526	100→69

由图 4-11 和表 4-6 可知，在注气压力为 0.6 MPa 下开始注气的前 440 min 内，出气口只有 CH_4 流出，未检测出 CO_2，即注入的 CO_2 以游离态和吸附态两种形式滞留在煤体中。CO_2 的注入打破了 CH_4 吸附平衡状态，与 CH_4 发生了竞争吸附，促使 CH_4 解吸，这样 CO_2 就抢占了空余吸附位，随着注入 CO_2 体积的增加，CH_4 不断从煤基质中解吸、扩散直至流出腔体。由于实验煤体的体积是一定的，当注入的 CO_2 达到饱和吸附状态时，多余的 CO_2 就会流出腔体，这个过程所消耗的时间称为 CO_2 的突破时间。即注气压力为 0.6 MPa 时，CO_2 的突破时间为 440 min。当注气压力增至 1.0 MPa 和 1.4 MPa 时，CO_2 的突破时间明显缩短，分别缩短至 236 min 和 144 min。相应的，整个实验注气时间也随注气压力的增加而缩短，由 1 627 min 分别缩短至1 426 min 和526 min。

4.3.5　析出 CH_4 流量随注气时间变化规律

注 CO_2 驱替煤层 CH_4 实验过程中析出 CH_4 流量随注气时间变化规律如图 4-13 所示。

由图 4-13 可以得出以下结论：(1) 没有 CO_2 析出时，析出 CH_4 流量缓慢上升。由于注气初期析出气体中没有 CO_2，此时析出 CH_4 流量变化规律与混合气体流量变化规律相同，即呈缓慢上升趋势。(2) 有 CO_2 析出时，析出 CH_4 流量下降，CO_2 流量上升。当注气压力为

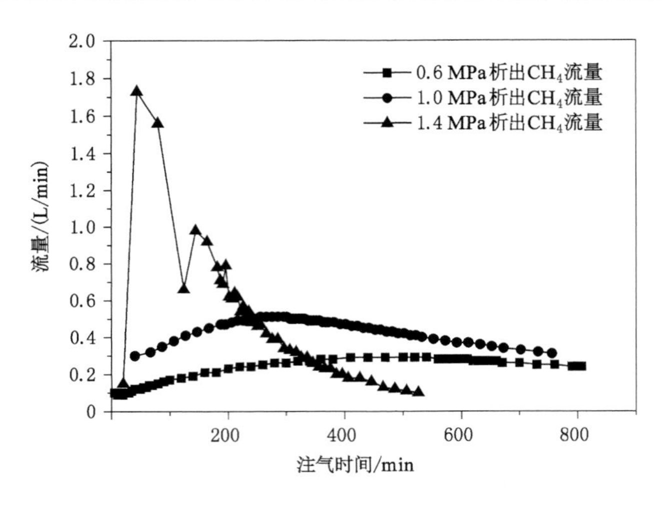

图 4-13　析出 CH_4 流量随注气时间变化规律

0.6 MPa 时，注气 440 min 之前，析出 CH_4 流量由 0.1 L/min 上升到 0.29 L/min，这段注气时间内只有 CH_4 析出；注气 440 min 之后，析出 CH_4 流量由 0.29 L/min 下降至 0.23 L/min，CO_2 流量由 0 L/min 上升至 0.14 L/min。当注气压力为 1.0 MPa 时，注气 236 min 之前，析出 CH_4 流量从 0.31 L/min 上升到 0.51 L/min，这段注气时间内只有 CH_4 析出；注气 236 min 之后，随着 CO_2 从出气口开始排出，析出 CH_4 流量逐渐下降到 0.3 L/min，最后趋于稳定，而析出 CO_2 流量则从 0 L/min 上升到 0.97 L/min。当注气压力为 1.4 MPa 时，注气 144 min 之前，析出 CH_4 流量从 0.15 L/min 上升到 0.94 L/min，这段注气时间内只有 CH_4 析出；注气 144 min 之后，随着 CO_2 从出气口开始排出，析出 CH_4 流量开始缓慢下降到 0.1 L/min，而析出 CO_2 流量则开始逐渐增大，从 0 L/min 上升到 1.3 L/min。

4.3.6　析出 CH_4 体积变化规律

注 CO_2 驱替煤层 CH_4 实验过程中析出 CH_4 体积变化规律如图 4-14 所示。

由图 4-14 可以得出以下结论：析出 CH_4 的速度和体积与注气压力成正比关系，在相同时间内，注气压力为 1.4 MPa 时析出 CH_4 的体积最大，注气压力为 0.6 MPa 时析出 CH_4 的体积最小。析出 CH_4 的体积与注入 CO_2 的体积成正比关系，但低压注气驱替 CH_4 效益优于高压注气，即析出相同体积的 CH_4，采用低压注气耗气量较少。

4.3.7　滞留煤中 CO_2 体积随注气时间变化规律

注 CO_2 驱替煤层 CH_4 实验过程中滞留煤中 CO_2 体积随注气时间变化规律如图 4-15 和表 4-7 所示。

表 4-7　滞留煤中 CO_2 体积统计表

注气压力/MPa	注气时间/min	注入 CO_2 体积/L	滞留煤中 CO_2 体积/L	析出 CO_2 体积/L
0.6	0→440→1 627	0→425.24→897.11	0→425.24→671.83	0→0→225.28
1.0	0→236→1 426	0→508.38→1 876.04	0→508.38→1 000.18	0→0→875.86
1.4	0→144→526	0→606.00→1 407.07	0→606.00→1 074.76	0→0→332.61

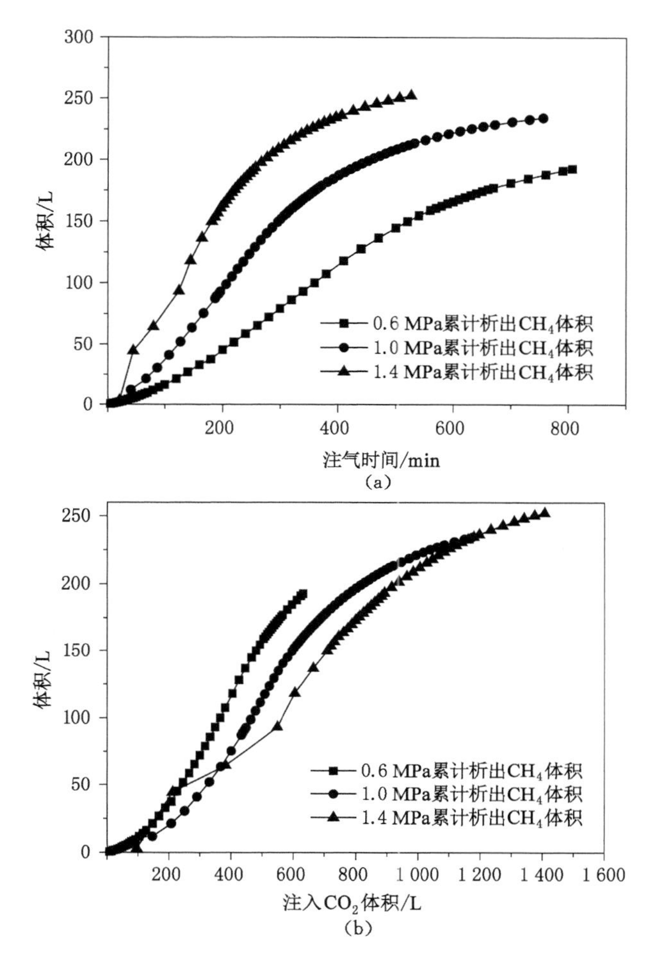

图 4-14　析出 CH_4 体积变化规律

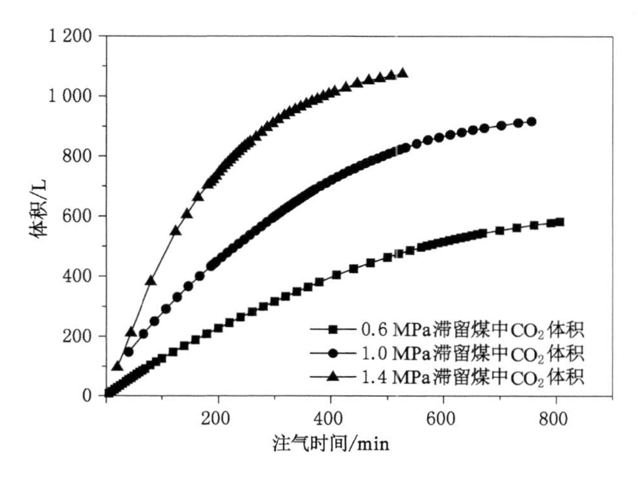

图 4-15　滞留煤中 CO_2 体积随注气时间变化规律

由图 4-15 和表 4-7 可以得出以下结论：(1) CO_2 突破腔体前，注入 CO_2 全部滞留在煤中。注气压力为 0.6 MPa 时，CO_2 的突破时间为 440 min，滞留煤中 CO_2 体积为 425.24 L；注气压力为 1.0 MPa 时，CO_2 的突破时间为 236 min，滞留煤中 CO_2 体积为 508.38 L；注气压力为 1.4 MPa 时，CO_2 的突破时间为 144 min，滞留煤中 CO_2 体积为 606.00 L。(2) 注气初始滞留煤中 CO_2 体积总体上呈上升趋势，后期趋于稳定，且注气压力越大，滞留煤中 CO_2 体积越大。注气压力为 0.6 MPa 时，注气结束时滞留煤中 CO_2 体积为 671.90 L；注气压力为 1.0 MPa 时，注气结束时滞留煤中 CO_2 体积为 1 000.18 L；注气压力为 1.4 MPa 时，注气结束时滞留煤中 CO_2 体积为 1 074.46 L。

4.4 煤层注 Air 驱替 CH_4 物理模拟实验

4.4.1 实验条件及结果

在本次注 Air 驱替 CH_4 的实验中，装样量为 39.85 kg，加载轴压为 150 kN；CH_4 吸附平衡压力为 0.69～0.70 MPa，吸附平衡时间为 36 h 以上，吸附前真空度小于 400 Pa；预排游离 CH_4 结束时压力为 0.1～0.12 MPa，注气压力分别为 0.6 MPa、1.0 MPa 和 1.4 MPa。详见表 4-8。

表 4-8 注 Air 驱替 CH_4 实验条件及结果

序号	参 数	值			备注
		注气压力 0.6 MPa	注气压力 1.0 MPa	注气压力 1.4 MPa	
1	装样量/kg	39.85	39.85	39.85	
2	轴压/kN	150	150	150	
3	吸附平衡压力/MPa	0.69	0.70	0.70	
4	抽真空时间/h	96	72	72	
5	最终真空度/Pa	370	380	380	
6	吸附平衡时间/h	36	36	37	
7	CH_4 吸附量/L	301.38	390.91	354.44	
8	预排游离 CH_4 结束时压力/MPa	0.12	0.10	0.10	
9	注入 Air 体积/L	1 017.87	1 585.80	630.94	
10	析出混合气体体积/L	1 090.80	1 613.00	844.50	
11	析出 CH_4 体积/L	215.14	254.97	145.39	
12	析出 Air 体积/L	875.66	1 358.03	496.40	
13	析出 N_2 体积/L	684.50	1 059.26	390.49	
14	析出 O_2 体积/L	191.16	298.77	105.91	
13	滞留煤中 Air 体积/L	142.21	227.77	134.54	
15	滞留煤中 N_2 体积/L	119.62	177.67	107.96	
16	滞留煤中 O_2 体积/L	22.59	50.10	26.58	

表 4-8(续)

序号	参　数	值			备注
		注气压力 0.6 MPa	注气压力 1.0 MPa	注气压力 1.4 MPa	
17	实验结束时 CH_4 浓度/%	7.62	5.63	10.23	
18	实验结束时 Air 浓度/%	92.38	94.37	89.77	
19	实验结束时 N_2 浓度/%	71.85	73.61	68.68	
20	实验结束时 O_2 浓度/%	20.53	20.76	21.09	
21	注气时间/min	2 768	2 281	388	

4.4.2　析出混合气体流量随注气时间变化规律

注 Air 驱替煤层 CH_4 实验过程中析出混合气体流量随注气时间变化规律如图 4-16 所示。

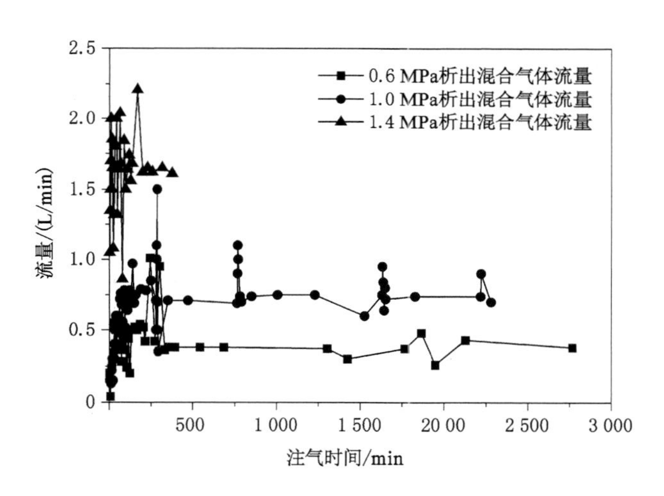

图 4-16　析出混合气体流量随注气时间变化规律

由图 4-16 可以得出以下结论:(1) 初始时析出混合气体流量迅速上升,并逐渐稳定。注气压力为 0.6 MPa 时,注气初期析出混合气体流量出现波动,394 min 后稳定在 0.38 L/min 上下。注气压力为 1.0 MPa 时,析出混合气体流量上升速度明显加快,注气 28 min 时达到 1.7 L/min,随后呈现下降趋势,最后稳定在 0.67 L/min 上下。注气压力为 1.4 MPa 时,注气 43 min 时析出混合气体流量达到 2 L/min,随后在 2 L/min 左右波动,并最终稳定在 1.6 L/min 上下。(2) 注气压力越高,析出混合气体稳定流量越大。注气压力为 0.6 MPa 时,析出混合气体流量稳定在 0.38 L/min,注气压力上升到 1.0 MPa 和 1.4 MPa 时,析出混合气体流量分别稳定在 0.67 L/min 和 1.6 L/min。

4.4.3　析出气体浓度随注气时间变化规律

注 Air 驱替煤层 CH_4 实验过程中析出 CH_4 浓度随注气时间变化规律如图 4-17 所示,析出 N_2 和 O_2 浓度随注气时间变化规律如图 4-18 所示。

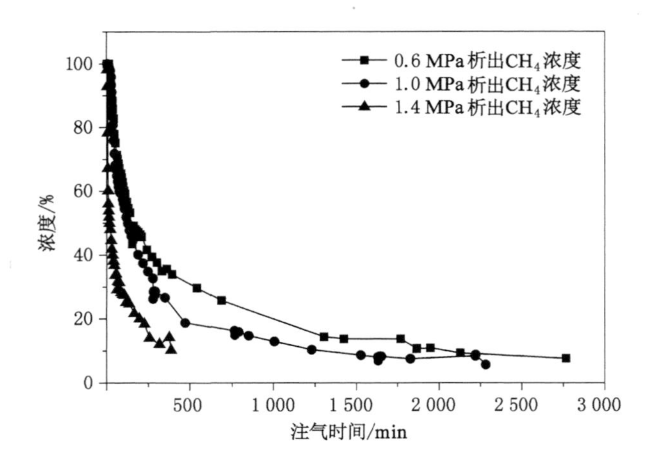

图 4-17 析出 CH_4 浓度随注气时间变化规律

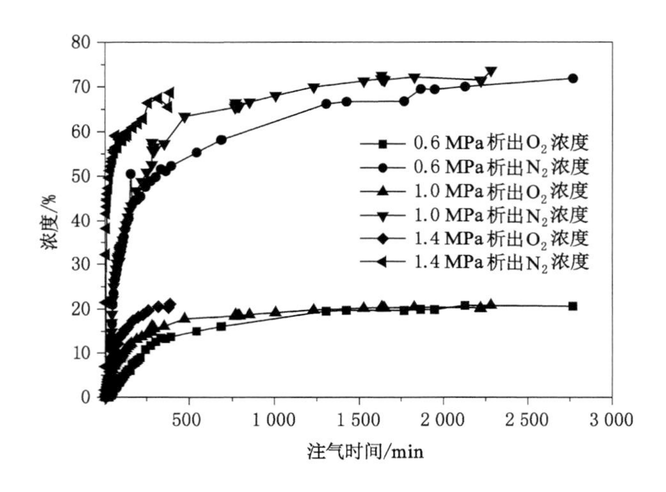

图 4-18 析出 N_2 和 O_2 浓度随注气时间变化规律

由图 4-17 和图 4-18 可以得出以下结论:(1) 析出 CH_4 浓度呈下降趋势,初始时急速下降,之后逐渐放缓,析出 CH_4 浓度同 Air 浓度此消彼长。注气压力为 0.6 MPa 时,注气持续了 2 768 min,析出 CH_4 浓度由 100%下降至 7.62%,Air 浓度由 0 上升至 92.38%。注气压力为 1.0 MPa 时,注气持续了 2 281 min,析出 CH_4 浓度由 100%下降至 5.63%,Air 浓度由 0 上升至 94.37%。注气压力为 1.4 MPa 时,注气持续了 388 min,析出 CH_4 浓度由 100%下降至 10.23%,Air 浓度由 0 上升至 89.77%。(2) 注气压力越高,注源气体的突破时间越短。注气压力为 0.6 MPa 时,O_2 和 N_2 突破腔体时间为 18 min;注气压力为 1.0 MPa 时,O_2 和 N_2 突破腔体时间为 12 min;注气压力为 1.4 MPa 时,O_2 和 N_2 突破腔体时间为 2 min。

4.4.4 析出 CH_4 流量随注气时间变化规律

注 Air 驱替煤层 CH_4 实验过程中析出 CH_4 流量随注气时间变化规律如图 4-19 所示。

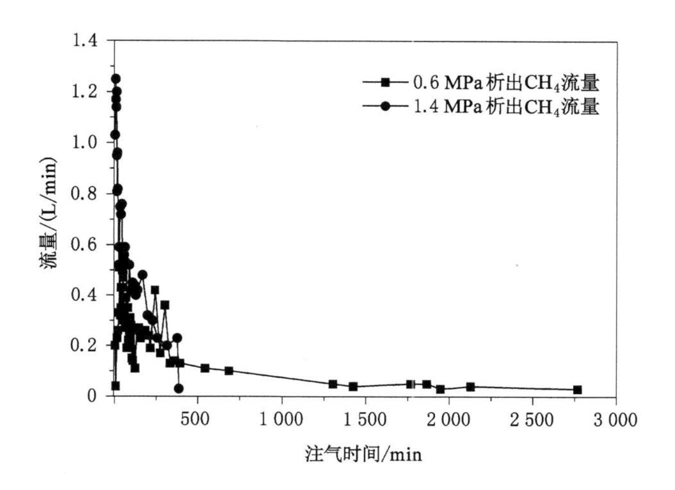

图 4-19　析出 CH_4 流量随注气时间变化规律

由图 4-19 可以得出以下结论:(1) 析出 CH_4 流量呈先上升后下降趋势。注气压力为 0.6 MPa 时,注气 49 min 时析出 CH_4 流量由 0.20 L/min 迅速上升到 0.47 L/min,之后随着 Air 的持续注入,析出 CH_4 流量缓慢下降,注气结束时稳定在 0.10 L/min 上下。注气压力为 1.4 MPa 时,注气 10 min 时析出 CH_4 流量由 1.03 L/min 迅速上升到 1.20 L/min,之后随着 Air 的持续注入,析出 CH_4 流量缓慢下降,注气结束时稳定为 0.23 L/min 上下。(2) 不同注气压力下,析出 CH_4 流量表现出明显的分级现象。在注气的前期,注气压力越高,析出 CH_4 流量越大;但随着注气时间的延长,在注气后期不同注气压力下的析出 CH_4 流量逐渐趋于一致,最终降至 0.2 L/min 以下。

4.4.5　析出 CH_4 体积随注气时间变化规律

注 Air 驱替煤层 CH_4 实验过程中析出 CH_4 体积随注气时间变化规律如图 4-20 所示。

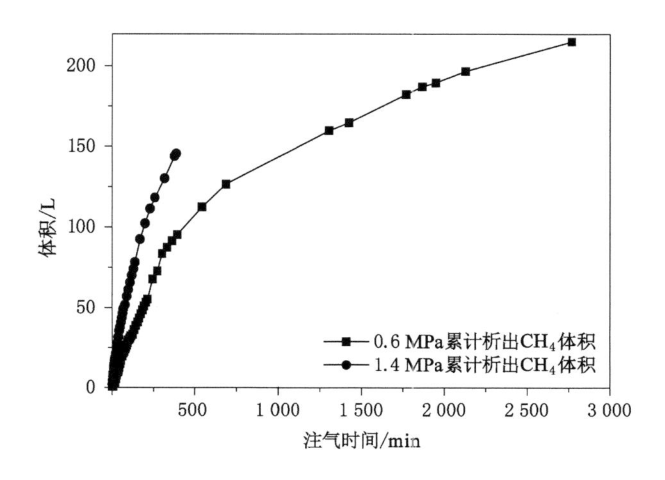

图 4-20　析出 CH_4 体积随注气时间变化规律

由图 4-20 可以得出以下结论：不同的注气压力下，析出 CH_4 体积表现出明显的分级现象。注气压力越高，相同时间内析出的 CH_4 体积也越大，说明注气压力与驱替效果之间存在着正相关关系。注气 388 min，注气压力为 0.6 MPa 和 1.4 MPa 下析出 CH_4 体积分别为 215.14 L 和 145.39 L。

4.4.6 滞留煤中 Air 体积随注气时间变化规律

注 Air 驱替煤层 CH_4 实验过程中滞留煤中 Air 体积随注气时间变化规律如图 4-21 所示。

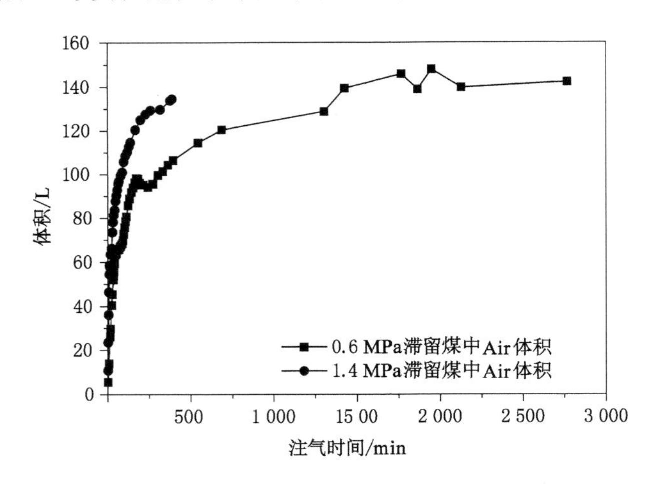

图 4-21 滞留煤中 Air 体积随注气时间变化规律

由图 4-21 可以得出以下结论：(1) 在 Air 突破腔体前，注入 Air 全部滞留在煤中。注气压力为 0.6 MPa 时，N_2 的突破时间为 18 min，滞留煤中 N_2 体积为 23.48 L；O_2 的突破时间为 35 min，滞留煤中 O_2 体积为 11.02 L。注气压力为 1.4 MPa 时，N_2 和 O_2 的突破时间为 2 min，滞留煤中 N_2 体积为 8.66 L，滞留煤中 O_2 体积为 2.31 L。(2) 注气初始，滞留煤中 Air 体积急剧上升，之后趋于稳定，且注气压力越大，滞留气体体积越大。注气压力为 0.6 MPa 时，注气 394 min 时滞留煤中 N_2 体积为 80 L、O_2 体积为 26.11 L，注气结束时滞留煤中 N_2 体积为 119.62 L、O_2 体积为 22.59 L。注气压力为 1.4 MPa 时，注气 88 min 时滞留煤中 N_2 体积为 100 L，注气结束时滞留煤中 N_2 体积为 107.96 L、O_2 体积为 26.58 L。

4.5 煤层注不同气体驱替 CH_4 效果及机理差异性

4.5.1 煤层注不同气体驱替 CH_4 效果

由于 Air 为混合气体，且 80%为 N_2，所以首先对注入 He、N_2、CO_2 三种不同吸附性能的气体在不同注气压力条件下驱替 CH_4 效果进行比较，然后针对注入 N_2 和 Air 单独进行比较。

4.5.1.1 注气压力为 0.6 MPa 条件下驱替 CH_4 效果

针对不同注源气体，在注气压力为 0.6 MPa 条件下，绘制析出混合气体流量以及析出 CH_4 流量、浓度、体积随注气时间的变化曲线(图 4-22 至图 4-25)，分析不同气源条件下注气驱替效果。

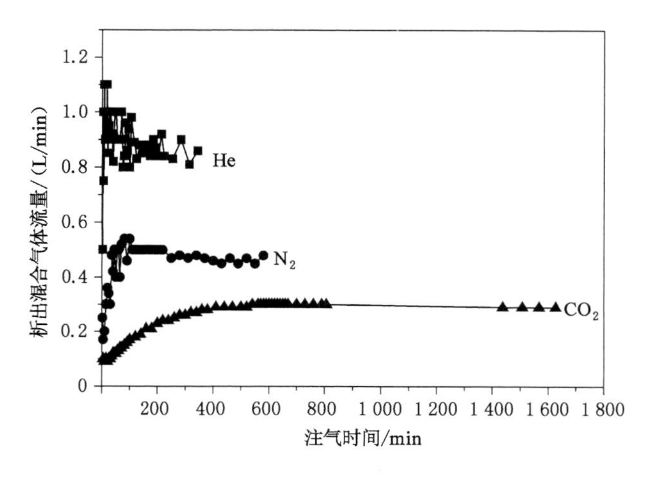

图4-22 析出混合气体流量随注气时间变化规律(注气压力为0.6 MPa)

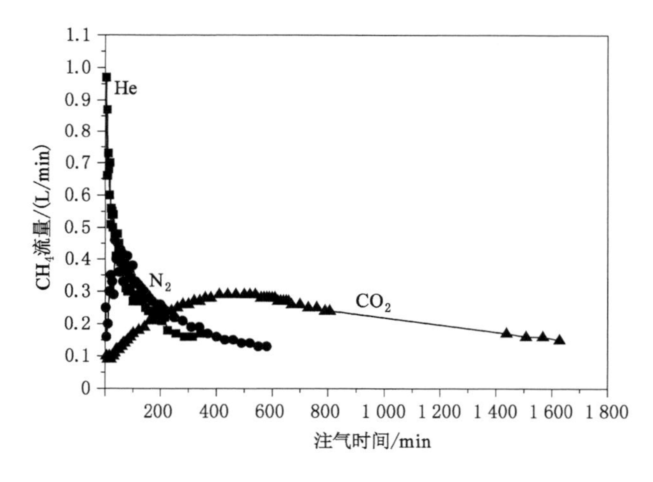

图4-23 析出CH_4流量随注气时间变化规律(注气压力为0.6 MPa)

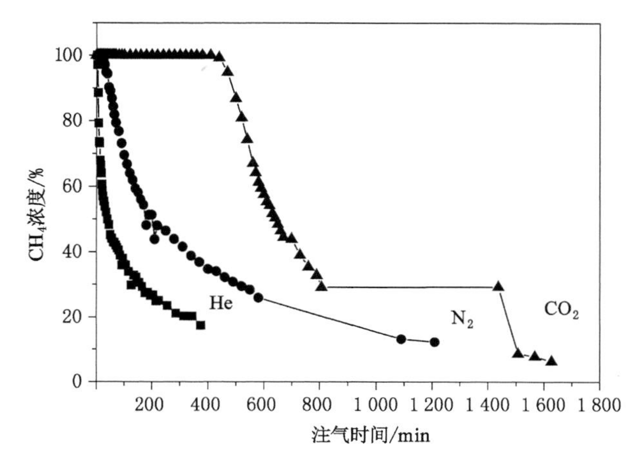

图4-24 析出CH_4浓度随注气时间变化规律(注气压力为0.6 MPa)

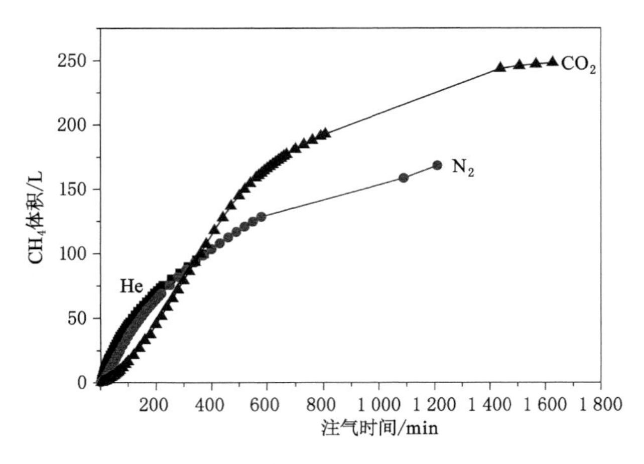

图 4-25　析出 CH_4 体积随注气时间变化规律(注气压力为 0.6 MPa)

不同注源气体条件下,析出混合气体流量表现出明显的分级现象。注 He 时,析出混合气体流量稳定在 0.8 L/min 左右;注 N_2 时,析出混合气体流量稳定在 0.5 L/min 左右;注 CO_2 时,析出混合气体流量稳定在 0.3 L/min 左右。注 He 和 N_2 时,初始时析出混合气体流量急剧上升,并逐渐趋于稳定;注 CO_2 时,析出混合气体流量变化幅度相对平缓。注 He 和 N_2 时,初始时析出 CH_4 流量急剧上升,之后快速下降;注 CO_2 时,析出 CH_4 流量变化相对平缓。三种注源气体析出 CH_4 浓度下降速度由大到小的顺序为 He>N_2>CO_2,注 N_2 和 CO_2 时注源气体滞后析出,特别是注 CO_2 时表现明显,注气 440 min 后才有 CO_2 析出。不同注源气体析出 CH_4 体积曲线有交叉,交叉前,相同时间内注 He 析出 CH_4 体积最大,注 N_2 次之,注 CO_2 最小,但相差不大;交叉后,规律相反。

4.5.1.2　注气压力为 1.0 MPa 条件下驱替 CH_4 效果

针对不同注源气体,在注气压力为 1.0 MPa 条件下,绘制析出混合气体流量以及析出 CH_4 流量、浓度、体积随注气时间的变化曲线(图 4-26 至图 4-29),分析不同气源条件下注气驱替效果。

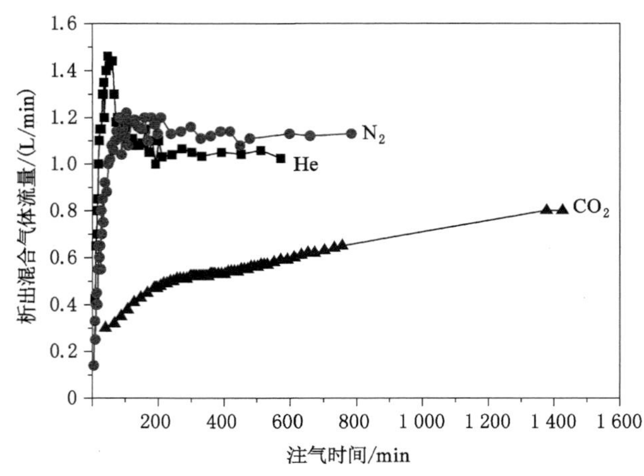

图 4-26　析出混合气体流量随注气时间变化规律(注气压力为 1.0 MPa)

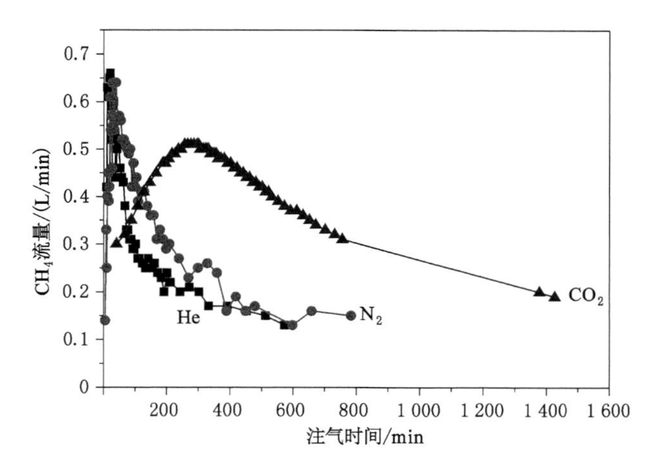

图 4-27　析出 CH_4 流量随注气时间变化规律(注气压力为 1.0 MPa)

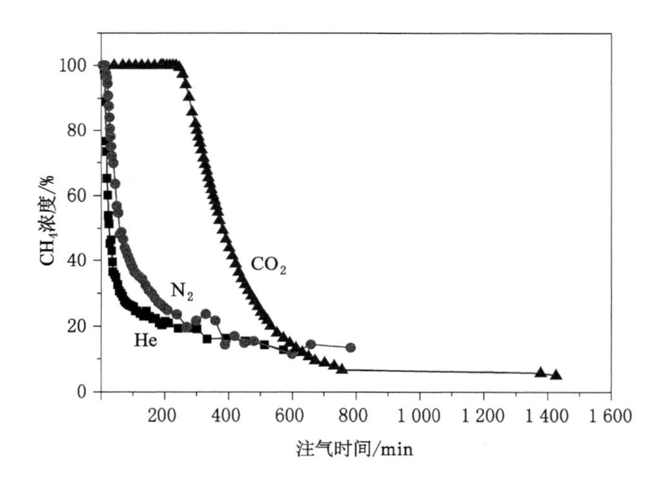

图 4-28　析出 CH_4 浓度随注气时间变化规律(注气压力为 1.0 MPa)

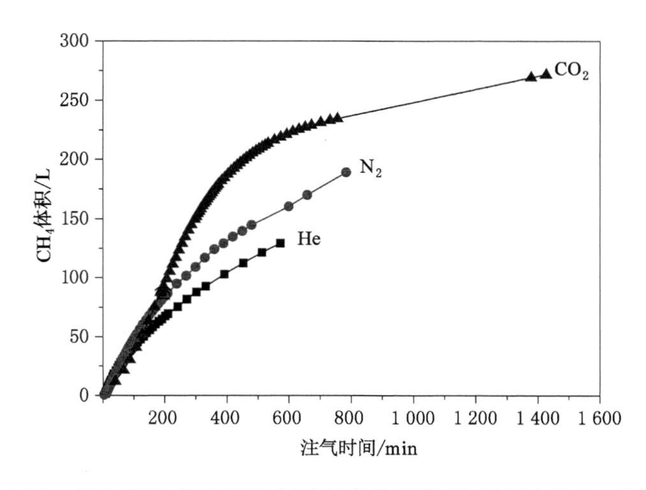

图 4-29　析出 CH_4 体积随注气时间变化规律(注气压力为 1.0 MPa)

注 He 时，析出混合气体流量稳定在 1.1 L/min 左右；注 N_2 时，析出混合气体流量稳定在 1.2 L/min 左右；注 CO_2 时，析出混合气体流量稳定在 0.30～0.65 L/min。注 He 和 N_2 时，初始时析出混合气体流量急剧上升，并逐渐趋于稳定；注 CO_2 时，析出混合气体流量变化幅度相对平缓。注 He 和 N_2 时，初始时析出 CH_4 流量急剧上升，之后快速下降；注 CO_2 时，析出 CH_4 流量变化相对平缓，时间相对滞后。三种注源气体析出 CH_4 浓度下降速度由大到小的顺序为 He>N_2>CO_2，注 N_2 和 CO_2 时注源气体滞后析出，特别是注 CO_2 时表现明显，注气 236 min 后才有 CO_2 析出。不同注源气体析出 CH_4 体积曲线有交叉，交叉前，相同时间内注 N_2 析出 CH_4 体积最大，注 CO_2 次之，注 He 最小，但相差不大；交叉后，注CO_2>注 N_2>注 He。

4.5.1.3 注气压力为 1.4 MPa 条件下驱替 CH_4 效果

针对不同注源气体，在注气压力为 1.4 MPa 条件下，绘制析出混合气体流量以及析出 CH_4 流量、浓度、体积随注气时间的变化曲线(图 4-30 至图 4-33)，分析不同气源条件下注气驱替效果。

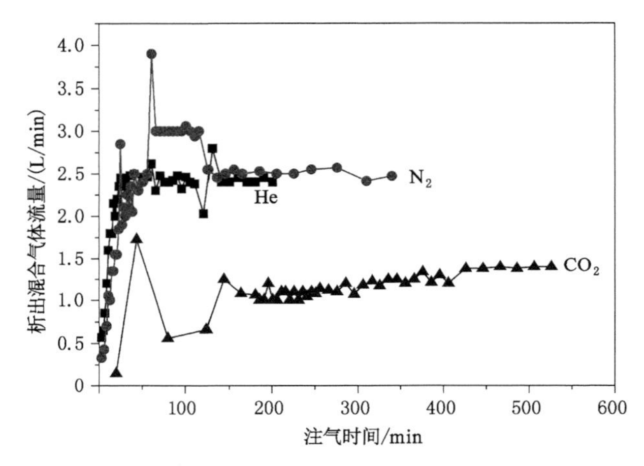

图 4-30 析出混合气体流量随注气时间变化规律(注气压力为 1.4 MPa)

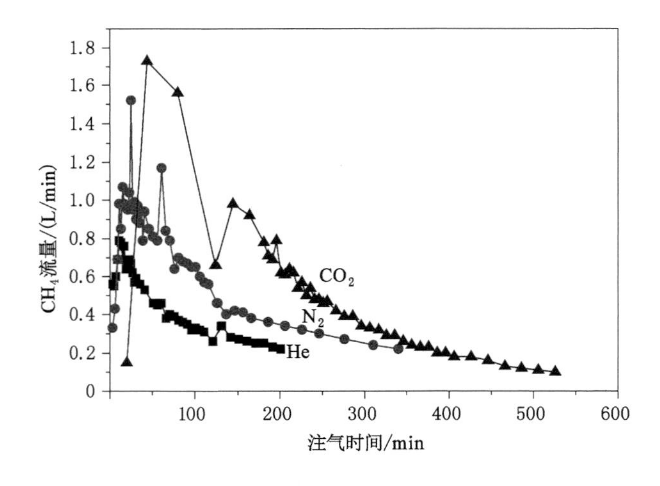

图 4-31 析出 CH_4 流量随注气时间变化规律(注气压力为 1.4 MPa)

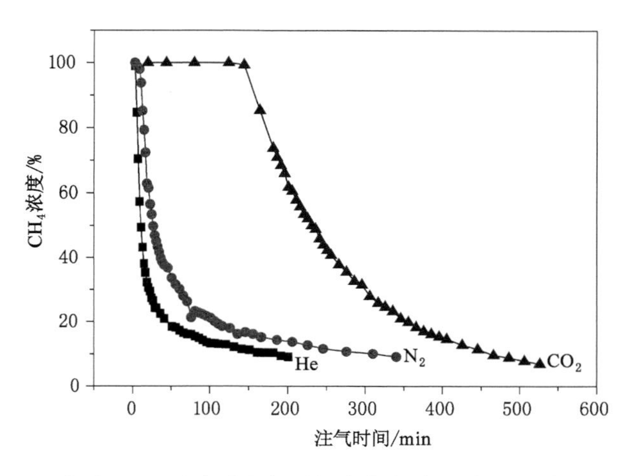

图 4-32 析出 CH_4 浓度随注气时间变化规律(注气压力为 1.4 MPa)

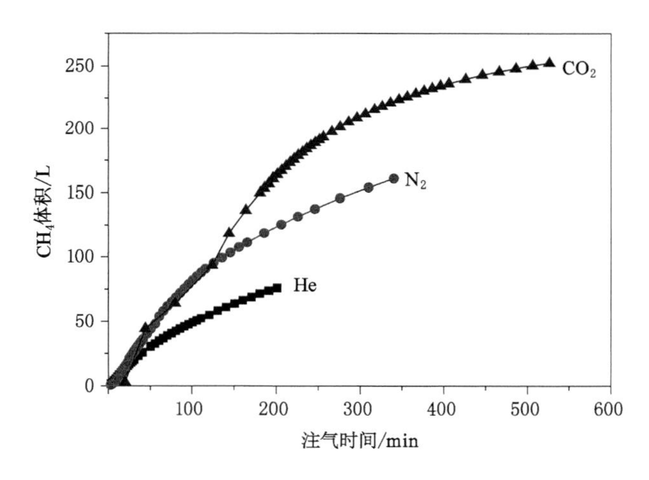

图 4-33 析出 CH_4 体积随注气时间变化规律(注气压力为 1.4 MPa)

注 He 时,析出混合气体流量稳定在 2.4 L/min 左右;注 N_2 时,析出混合气体流量稳定在 2.5 L/min 左右;注 CO_2 时,析出混合气体流量稳定在 1.4 L/min 左右。注 He 和 N_2 时,初始时析出混合气体流量急剧上升,并逐渐趋于稳定;注 CO_2 时,析出混合气体流量变化幅度相对平缓。初始时析出 CH_4 流量急剧上升,之后快速下降。三种注源气体析出 CH_4 浓度下降速度由大到小的顺序为 He>N_2>CO_2,注 N_2 和 CO_2 时注源气体滞后析出,特别是注 CO_2 时表现明显,注气 236 min 后才有 CO_2 析出。总体上注 CO_2 析出 CH_4 体积最大,注 N_2 次之,注 He 最小。

4.5.1.4 煤层注 Air 与 N_2 驱替 CH_4 效果对比分析

在不同注气压力条件下,注 Air 和 N_2 析出 CH_4 流量、浓度、体积随注气时间的变化规律如图 4-34 至图 4-36 所示。

从析出 CH_4 流量、浓度、体积随注气时间的变化规律来看,注 Air 和 N_2 时其变化规律基本一致,尤其是浓度和流量曲线基本重合,相同时间内注 N_2 累计析出 CH_4 体积稍大于注

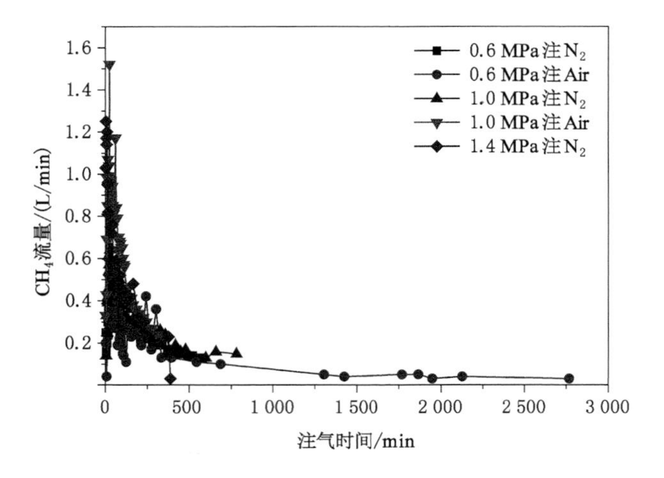

图 4-34 析出 CH_4 流量随注气时间变化规律

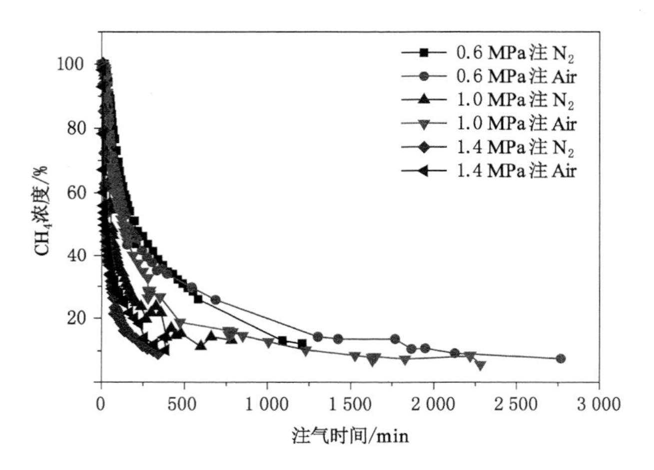

图 4-35 析出 CH_4 浓度随注气时间变化规律

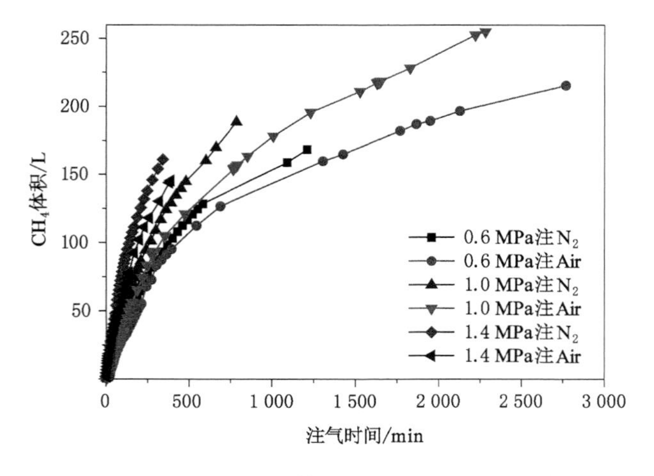

图 4-36 析出 CH_4 体积随注气时间变化规律

Air。从气体组分方面分析，空气主要由 N_2(80%左右)、O_2(20%左右)和 CO_2(约 0.3%)构成。从吸附性能方面分析，N_2 极限吸附量(25.33 m^3/t)是 Air 极限吸附量(23.62 m^3/t)的 1.07 倍。以上两个方面是二者驱替 CH_4 效果相差不大的原因。在煤矿井下实际操作时，可以用空气代替 N_2。

4.5.2　不同注源气体突破时间的差异

实验过程中，不同注源气体的突破时间如表 4-9 所示。

表 4-9　不同注源气体的突破时间

注气压力/MPa	0.6	1.0	1.4
He 突破时间/min	2	0.92	<1
N_2 突破时间/min	15	12	6
CO_2 突破时间/min	440	236	144

由表 4-9 可以得出，注入相同气体时，突破时间随注气压力的增加而变短；相同注气压力时，突破时间随注入气体的不同差别很大。造成这种差异的原因可能是渗流阻力和气体吸附性不同。

(1) 纯渗流突破时间

假设气体流经煤体时没有吸附作用，则气体在煤体中的流动以渗流为主，其突破时间仅与煤体的渗透率、气体的黏性和注气压力有关[135]。其渗流特征服从达西定律：

$$v = \frac{k}{\mu} \cdot \frac{\mathrm{d}p}{\mathrm{d}x} \tag{4-1}$$

式中，v 为流速，m/s；μ 为气体动力黏度，Pa・s；k 为煤体的渗透率，m^2；$\mathrm{d}p/\mathrm{d}x$ 为流体沿 x 方向的压力梯度，Pa/m。

由于实验所用的煤样为受载条件下性质均一的颗粒煤，所以可以将 He 在煤中的流动视为纯线性渗流[136]。以注气压力为 1.0 MPa 为例，腔体两端压力差为 0.9 MPa，稳定时流量为 1.12 L/min，He 的动力黏度为 1.98×10^{-5} Pa・s，则根据达西定律计算的实验煤体渗透率 k 为 $6.355\,6 \times 10^{-8}$ m^2。在相同条件下注 N_2 和 CO_2 时，假设煤中也不存在吸附置换作用，N_2 和 CO_2 的动力黏度分别取 $1.780\,5 \times 10^{-5}$ Pa・s 和 1.493×10^{-5} Pa・s 时，则按式(4-1)可以计算出气体的流速，进而结合煤样长度 L 可以算出 He、N_2 和 CO_2 的纯渗流突破时间，如表 4-10 所示。

表 4-10　不同注源气体的纯渗流突破时间

注气压力/MPa	0.6	1.0	1.4
He 突破时间/min	1.66	0.92	0.64
N_2 突破时间/min	1.49	0.83	0.57
CO_2 突破时间/min	1.25	0.69	0.48

由表 4-9 和表 4-10 可知：三种气体的纯渗流突破时间都在 2 min 之内；而实际上，相同

条件下，N_2 的突破时间是纯渗流突破时间的 10 倍以上，CO_2 的突破时间是纯渗流突破时间的 100 倍以上。因此，纯渗流不是决定总突破时间的主要因素[135]。

（2）突破时间内注源气体的升压充填量

自由空间的充填量（游离气体量）Q_i（标准状况下）按式（4-2）计算[44,135]：

$$Q_i = \frac{273.2 \times p_i \times V_s}{Z_i \times (273.2 + t) \times 0.101\,325} \tag{4-2}$$

式中，Z_i 为环境温度为 t 和压力为 p_i 条件下吸附腔体中气体的压缩因子，无量纲；t 为吸附平衡时的实验温度，℃；V_s 为煤体吸附腔体剩余体积，cm^3。

因为 He 为非吸附性气体，所以突破时间内的注入量即自由空间的充填量。对于吸附性气体（N_2、CO_2）而言，其注入煤体后也有一部分充入煤体自由空间而滞留其中，从而导致煤体内混合气体总压分别上升至 0.32 MPa 和 0.43 MPa[135]。根据式（4-2）可以得到 N_2 和 CO_2 的升压充填量，如表 4-11 所示。

表 4-11　突破时间内注源气体注入量和吸附量

注源气体	注气压力/MPa	煤样量/g	平衡时吸附量/cm^3	突破时间/min	突破时间内气体压力/MPa	突破时间内注入量/cm^3	自由空间充填量/cm^3
He	1.0	39 850	0	0.92	0.14	4 684.62	4 684.62
N_2	1.0	39 850	196 450.02	12	0.32	35 068.60	25 128.73
CO_2	1.0	39 850	858 131.16	236	0.43	580 470.00	38 248.35

（3）注源气体的吸附量对突破时间的影响

由表 4-11 可知，突破时间与气体的吸附性能成正比。在相同的注气压力条件下，CO_2 的总突破时间是 N_2 的总突破时间的 19.67 倍。因此，注源气体的吸附性差异是决定总突破时间的主要因素[135]。将突破时间内的注入量扣除煤体自由空间的充填量，N_2 和 CO_2 分别有 9 939.87 cm^3 和 542 221.65 cm^3 被吸附，占该状态下平衡吸附量的 5.06% 和 63.19%，因此在突破时间内没有“多余”的注源气体从出气口排出。

综上所述，不同注气气源总突破时间的差异主要是其吸附性差异引起的初始不平衡吸附造成的。

4.5.3　煤层注不同气体驱替 CH_4 机理

根据实验结果，无论注入哪种类型气体均能驱出煤中 CH_4。但是，注气过程中，因气源不同，表现出来的孔隙压力、出气口气体流量、组分浓度变化规律有所差异，故注气驱替 CH_4 的机理也有所差异。

（1）置换吸附作用机理

注气之前，煤体中 CH_4 压力已经降至 0.1 MPa，所以实验煤体处于非饱和状态。注源气体进入煤体后，首先充填腔体的自由空间，其次占据煤基质表面的空吸附位。另外，当注入强吸附性气体（CO_2）时，随着注入量的增大其与吸附态的 CH_4 发生竞争吸附而置换出 CH_4。所以，注气伊始主要发生的是吸附和置换作用。

（2）分压作用机理

从吸附位和吸附势角度考虑，非吸附性和弱吸附性气体（He、N_2）不具备置换煤体中吸附状态 CH_4 的能力。由扩展的朗缪尔方程可知，注源气体（He、N_2、CO_2）不断注入腔体，而无 CH_4 补充进来，所以注源气体的分压和总压逐渐升高，这导致 CH_4 分压降低而不断解吸出来。从实验结果看，三种注源气体驱替 CH_4 所体现的分压效果由好到差的顺序为 He＞N_2＞CO_2[136]。

（3）稀释扩散作用机理

根据菲克扩散定律，煤基质表面 CH_4 经解吸扩散运移到连通孔裂隙中后，气体渗流运动开始；当煤体中注入的其他气体进入裂隙通道中时，CH_4 将被稀释，产生浓度差，扩散行为持续进行，注源气体和 CH_4 各自向浓度降低的方向扩散[136]。同时，持续注入的气体气流将扩散解吸出的 CH_4 带出，使渗流端的 CH_4 浓度一直低于解吸端，从而可加速 CH_4 的扩散[136]。从实验结果看，相同注气压力条件下三种注源气体析出 CH_4 浓度下降速度由大到小的顺序为 He＞N_2＞CO_2，故三种注源气体驱替 CH_4 所体现的稀释扩散效果由好到差的顺序为 He＞N_2＞CO_2。

（4）增流携载作用机理

随着气体注入量的不断增加，煤体逐渐趋于吸附饱和状态。再注入的气体在注气压力的作用下携带游离的 CH_4 流出煤体，即注源气体突破煤体。当注源气体突破煤体后，由于 CH_4 从煤体中排出，空吸附位不断让出，注源气体吸附总量继续增加，但增加量逐渐减小，置换和吸附趋于平衡，注源气体几乎全部流出煤体，同时携载处于游离状态的 CH_4 流出，即增流携载作用机理[136-137]。根据实验结果，相同注气压力条件下注 He 和 N_2 时的出气口混合气体流量大于注 CO_2 时的，故非吸附性气体和弱吸附性气体表现出的增流携载作用更强。

（5）弱吸附性气体驱替煤层 CH_4 的本质

注入弱吸附性气体驱替煤层 CH_4 时，其作用机理主要表现为分压、稀释扩散和增流携载作用。随着驱替时间的延长，煤中 CH_4 几乎全部被驱出，此时出气口只有注源气体。注入气体的分压、稀释扩散作用是促使 CH_4 解吸的动力，持续注入气体产生的压力梯度是解吸出的 CH_4 排出煤体的动力[136]。

第 5 章　煤层注气驱替 CH_4 机制转化过程及主导作用研究

第 4 章模拟实验结果显示，煤层注气驱替 CH_4 是一个动态变化的过程，注气促使瓦斯解吸、扩散、渗流并非单独进行的，而是综合作用的。那么，在不同的注气时期，作用机理是否存在动态变化？结合前人对煤层注气驱替 CH_4 机理的认识，通过对注气过程的分解，来揭示煤层注气驱替 CH_4 机制转化过程及主导作用。

5.1　置换效应和驱替效应定义

根据上述物理模拟实验可知，注非吸附性气体(He)、弱吸附性气体(N_2 和 Air)、强吸附性气体(CO_2)，都能促使煤中 CH_4 快速(大于 CH_4 自然排放速度)排出，而且煤层注气驱替 CH_4 是一个动态变化的过程，随着注入气源、注气压力、注气时间的不同，析出气体流量、浓度、体积不断发生变化，从而说明注气驱替煤层 CH_4 是多种机理共同作用的结果。因此，为了弄清煤层注气驱替 CH_4 机理的动态演化过程，结合国内外专家对煤层注气驱替 CH_4 机理的认识，给出如下两个定义。

置换效应：注源气体进入煤体后，凭借强吸附性与 CH_4 发生置换吸附或凭借高压注气导致 CH_4 分压减小，引起煤中吸附态 CH_4 解吸出来的现象。

驱替效应：注源气体进入煤体后，凭借高压气流携带处于游离状态的 CH_4 流出煤体，打破原有的平衡状态，引起煤中吸附态 CH_4 解吸出来的现象。

5.2　注气驱替煤中 CH_4 定量化判定依据

由第 4 章模拟实验结果可知，注气初期，即注源气体未突破腔体之前，注入气体全部滞留在煤体中。为了便于分析，以 N_2 作为注源气体描述注气过程，该过程中注入 N_2 凭借分压或浓度差使预先达到吸附平衡状态的 CH_4 解吸出来，基于道尔顿分压定律，注气过程中部分 N_2 置换 CH_4 后吸附在煤基质表面而滞留在煤中，其是判定置换效应的定量依据。随着煤中空吸附位的减少，滞留煤中的 N_2 迅速减少，随着注气时间的延长，注入 N_2 流量趋于稳定，CH_4 不断解吸，煤中空出吸附位，小部分注入的 N_2 滞留在煤中，占据空吸附位，大部分 N_2 携带持续不断解吸出来的 CH_4 而排出。基于菲克第一定律和达西定律，将高压气流的稀释、携载的综合作用归为驱替效应，即注入 N_2 后随气流排出腔体外的那一部分 N_2，其主导作用是驱替效应，是判定驱替效应的定量依据[138]。

根据置换效应和驱替效应的含义及判定依据，用置换比例或驱替比例来定量描述注 N_2 过程中置换作用和驱替作用的变化过程及地位。置换比例和驱替比例如式(5-1)和式(5-2)

所示。

$$R_d = \frac{V_r}{V_i} \times 100\% \tag{5-1}$$

式中，R_d为置换比例，%；V_r为单位时间内滞留在煤体中的气体体积，m^3；V_i为单位时间内注入煤体中的气体体积，m^3。

$$R_r = \frac{V_d}{V_i} \times 100\% \tag{5-2}$$

式中，R_r为驱替比例，%；V_d为单位时间内从煤体中析出的气体体积，m^3。

为了便于分析注气驱替 CH_4 实验过程，按析出 CH_4 浓度将注气过程分为 3 个阶段。第一阶段，为注源气体突破腔体之前，即析出 CH_4 浓度为 100%，注源气体浓度为 0。第二阶段，在出气口可以检测到 CH_4 和 N_2，CH_4 浓度由 100%下降到 50%，N_2 浓度由 0 上升到 50%。第三阶段，在出气口可以检测到 CH_4 和 N_2，CH_4 浓度由 50%持续下降，N_2 浓度由 50%持续上升，直到实验结束。

5.3　注 He 驱替煤中 CH_4 机制转化过程及主导作用分析

根据置换效应和驱替效应的定义，由于 He 不具有吸附性，所以注 He 驱替 CH_4 过程中没有置换作用，全部表现为驱替作用。

5.4　注 N_2 驱替煤中 CH_4 机制转化过程分析

出气口气体组分浓度及驱替置换比例随注气时间的变化规律如图 5-1 至图 5-6 所示。

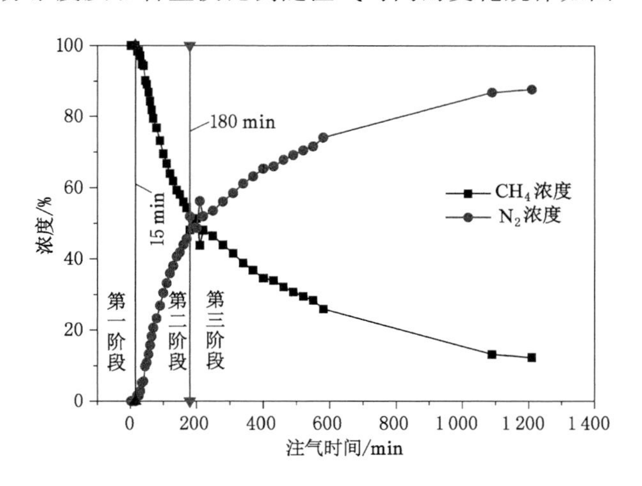

图 5-1　出气口气体组分浓度随注气时间的变化规律(注气压力为 0.6 MPa)

第一阶段，注入 N_2 突破腔体之前(注气压力为 0.6 MPa、1.0 MPa、1.4 MPa 下对应的突破时间分别为 15 min、12 min、6 min)，出气口 CH_4 浓度为 100%，N_2 浓度为 0。此时，注入煤体的 N_2，一部分吸附在煤基质表面，一部分进入煤体的自由空间。N_2 的持续注入使其吸附量上升，同时自由空间的 N_2 分压升高，系统总压也呈升高趋势。这时，N_2 主要通过分

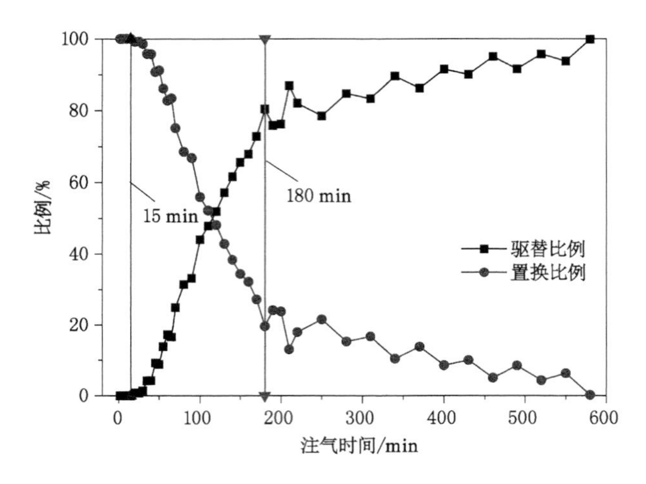

图 5-2 驱替置换比例随注气时间的变化规律(注气压力为 0.6 MPa)

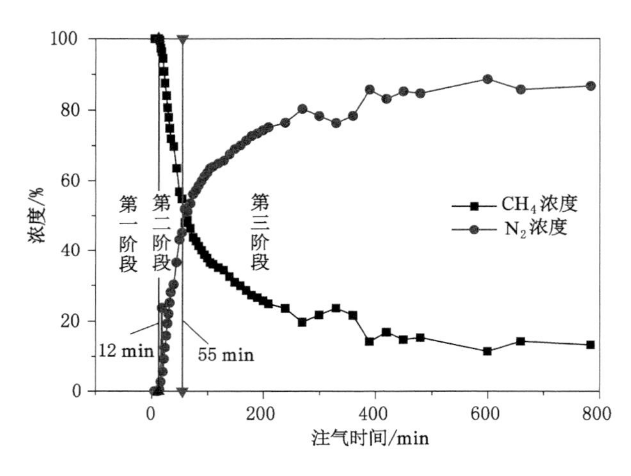

图 5-3 出气口气体组分浓度随注气时间的变化规律(注气压力为 1.0 MPa)

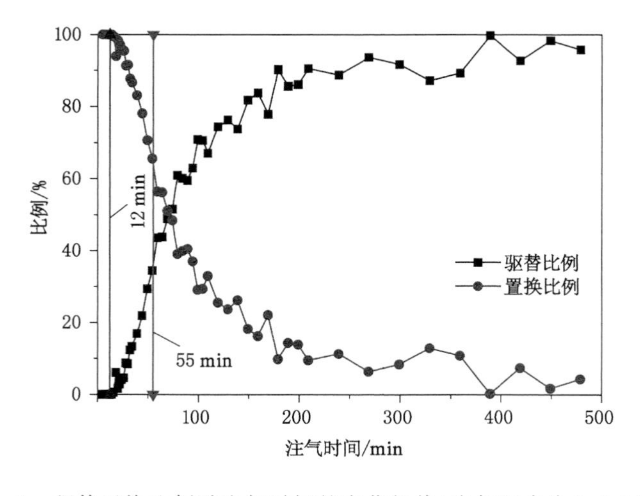

图 5-4 驱替置换比例随注气时间的变化规律(注气压力为 1.0 MPa)

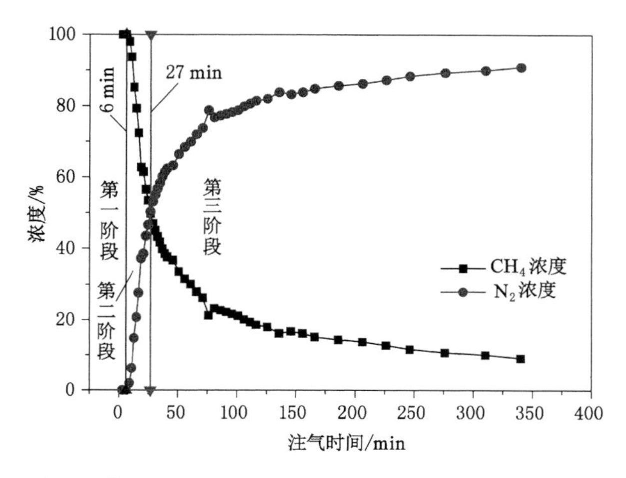

图 5-5　出气口气体组分浓度随注气时间的变化规律(注气压力为 1.4 MPa)

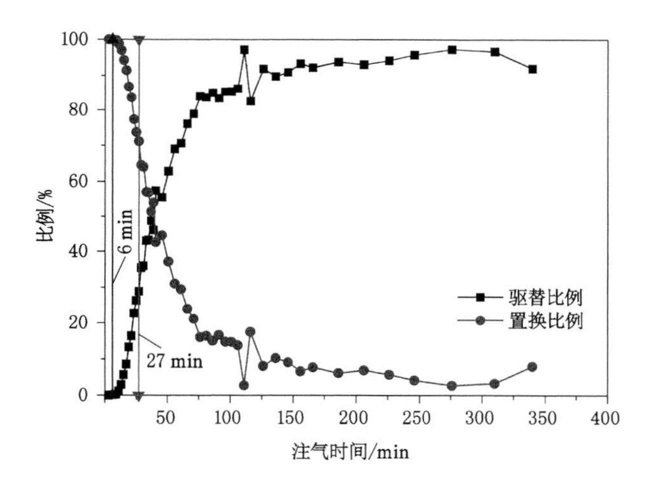

图 5-6　驱替置换比例随注气时间的变化规律(注气压力为 1.4 MPa)

压促进煤中 CH_4 解吸;另外,从分子运动理论来讲,煤体中吸附大量 N_2 也会对 CH_4 的吸附产生一定的阻碍作用。这期间主要是 N_2 的置换效应起作用。

第二阶段,在出气口可以检测到 CH_4 和 N_2,CH_4 浓度由 100%下降到 50%,N_2 浓度由 0 上升到 50%。N_2 突破腔体后的一段时间内(注气压力为 0.6 MPa、1.0 MPa、1.4 MPa 下对应时间段分别为 16～180 min、13～55 min、7～27 min),析出气体组分中 N_2 浓度迅速上升,同时 CH_4 浓度迅速下降,且析出 CH_4 流量也呈逐渐下降趋势。这段时间内腔体内的 N_2 量不断上升,无论是煤体吸附的 N_2 量还是游离的 N_2 量都呈上升趋势,同时一部分注入的 N_2 将解吸出的 CH_4 携载出腔体外,这个阶段,注入 N_2 的携载作用已经开始显现,一部分注入的 N_2 开始发挥驱替效应。随着注气的进行,滞留在腔体内的 N_2 量上升趋势逐渐减缓,这段时间,各组分浓度变化幅度减小,注气流量与析出气体流量逐渐趋于稳定,腔体内压力上升趋势减缓并趋于稳定;驱替效应逐渐增强,注入的 N_2 大部分携载 CH_4 排出腔体,只有少部分被煤体吸附或者进入腔体自由空间,表现为在腔体内的累计滞留量缓慢增加。这一阶段置换效应减弱，驱替效应增强。

第三阶段，在出气口可以检测到 CH_4 和 N_2，CH_4 浓度由50%持续下降、N_2 浓度由50%持续上升直到实验结束，且两种气体浓度变化的幅度越来越小。随着注入 N_2 体积不断增大，煤对 N_2 的吸附量趋于饱和，即 N_2 对 CH_4 的置换能力逐渐消失。注气流量、析出气体流量基本稳定，腔体内压力趋于稳定。此时 N_2 在腔体内基本吸附平衡，N_2 累计注入量与流出量之差趋近一个常数，如图 4-10 所示，表现为 N_2 的总滞留量趋于稳定。由于 CH_4 分压降低速度减慢且腔体内总压不变，与之前相比此时 N_2 的置换效应已经较弱，持续的驱替效应使较弱的置换解吸得以维持下去，这时注入的 N_2 大部分都携载置换出的 CH_4 流出腔体外。从 3 组实验的流量变化规律也可以看出，注气中后期注气流量与析出气体流量曲线非常接近，此时大部分注入的 N_2 产生驱替效应，即在实验中后期，N_2 的驱替效应起主导作用。

5.5 注 N_2 驱替煤中 CH_4 主导作用分析

在注 N_2 驱替煤中 CH_4 实验条件下，累计置换比例、体积和驱替比例、体积随注气时间变化规律如图 5-7 和表 5-1 所示。

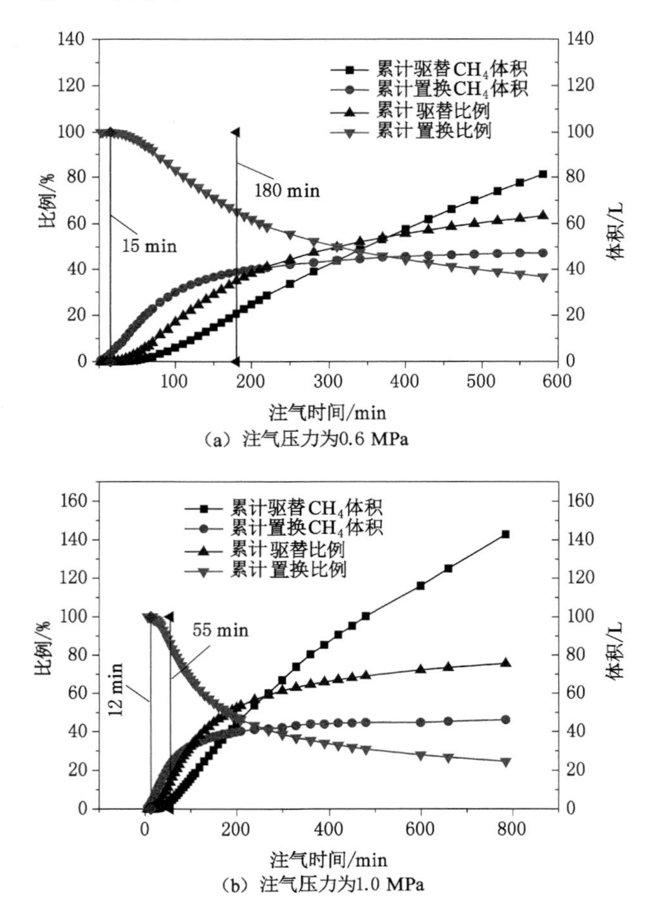

图 5-7 累计置换比例(体积)和驱替比例(体积)随注气时间的变化规律

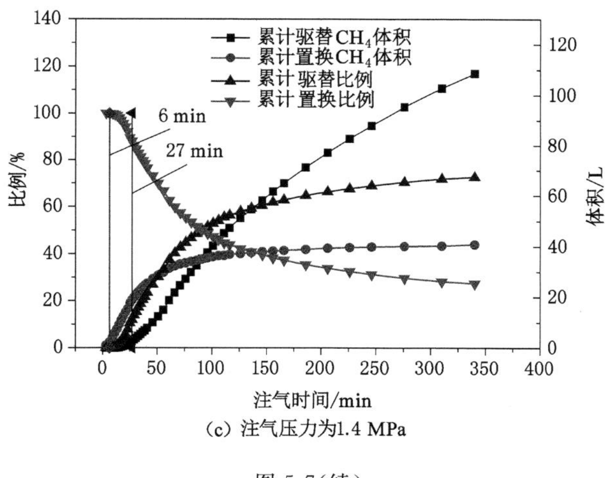

(c) 注气压力为1.4 MPa

图 5-7(续)

表 5-1　不同注气压力下实验参数

注气压力/MPa	注气时间/min	累计置换 CH_4 体积/L	累计驱替 CH_4 体积/L	累计置换比例/%	累计驱替比例/%
0.6	580	47.16	81.25	36.73	63.27
1.0	784	46.21	142.84	24.44	75.56
1.4	340	43.95	116.91	27.32	72.68

由表 5-1 和图 5-7 可知，注气压力为 0.6 MPa 条件下，注气 580 min 时，累计置换比例为 36.73%，累计驱替比例为 63.27%；累计置换 CH_4 体积为 47.16 L，累计驱替 CH_4 体积为 81.25 L。注气 310 min 时，驱替效应和置换效应所占比例相当。注气压力为 1.0 MPa 条件下，注气 784 min 时，累计置换比例为 24.44%，累计驱替比例为 75.56%；累计置换 CH_4 体积为 46.21 L，累计驱替 CH_4 体积为 142.84 L。注气 180 min 时，驱替效应和置换效应所占比例相当。注气压力为 1.4 MPa 条件下，注气 340 min 时，累计置换比例为 27.32%，累计驱替比例为 72.68%；累计置换 CH_4 体积为 43.95 L，累计驱替 CH_4 体积为 116.91 L。注气 91 min 时，驱替效应和置换效应所占比例相当。综上所述，注 N_2 驱替 CH_4 的实验中后期，驱替效应占主导作用。

5.6　注 CO_2 驱替煤中 CH_4 机制转化过程分析

在注 CO_2 驱替煤中 CH_4 实验条件下，不同注气压力条件下，出气口气体组分浓度、驱替置换比例随注气时间变化规律如图 5-8 至图 5-13 所示。

第一阶段，注入 CO_2 突破腔体之前(注气压力为 0.6 MPa、1.0 MPa、1.4 MPa 下对应的突破时间分别为 440 min、236 min、144 min)，出气口 CH_4 浓度为 100%，CO_2 浓度为 0。此时，注入煤体的 CO_2，首先进入煤体的自由空间，而后一部分进入煤基质表面空余吸附位，一部分与 CH_4 置换吸附而使 CH_4 不断解吸出来。CO_2 的持续注入使其吸附量上升，同时自由空间的 CO_2 分压升高，系统总压也呈升高趋势。此时，CO_2 主要通过分压促进煤中 CH_4

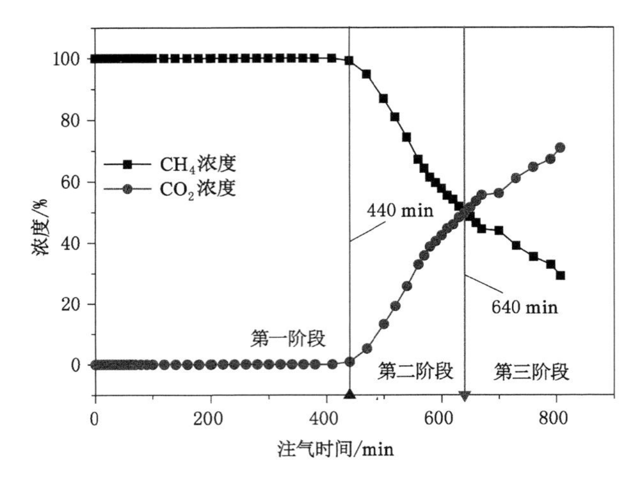

图 5-8　出气口气体组分浓度随注气时间的变化规律(注气压力为 0.6 MPa)

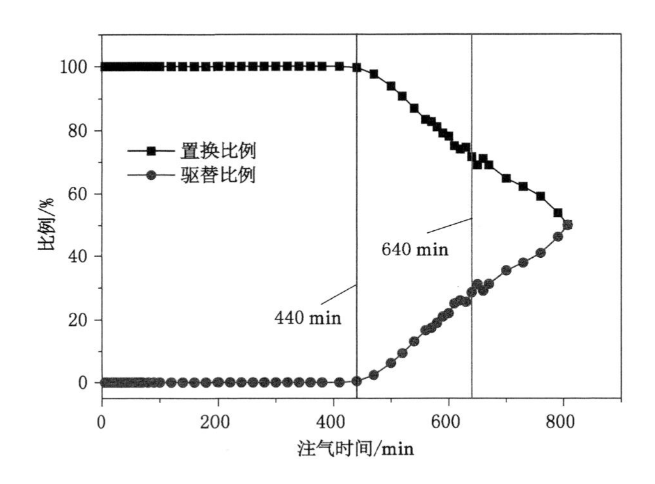

图 5-9　驱替置换比例随注气时间的变化规律(注气压力为 0.6 MPa)

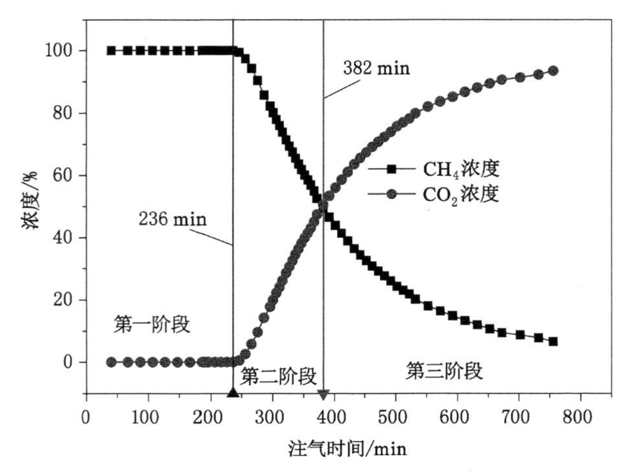

图 5-10　出气口气体组分浓度随注气时间的变化规律(注气压力为 1.0 MPa)

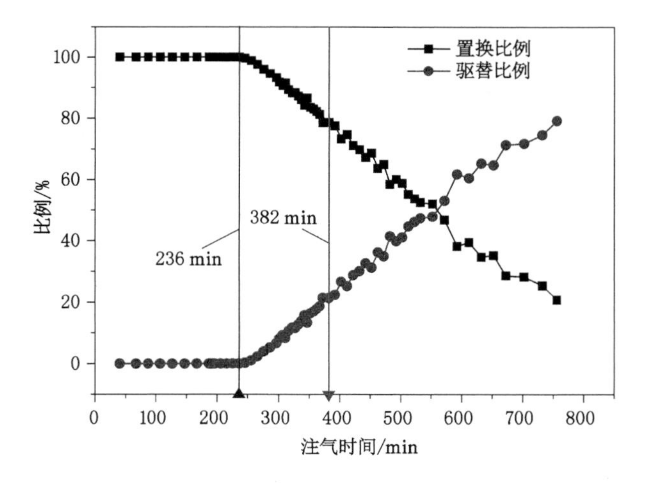

图 5-11　驱替置换比例随注气时间的变化规律(注气压力为 1.0 MPa)

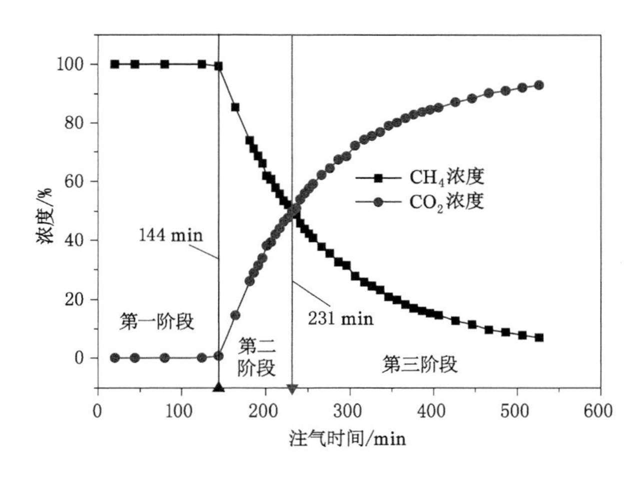

图 5-12　出气口气体组分浓度随注气时间的变化规律(注气压力为 1.4 MPa)

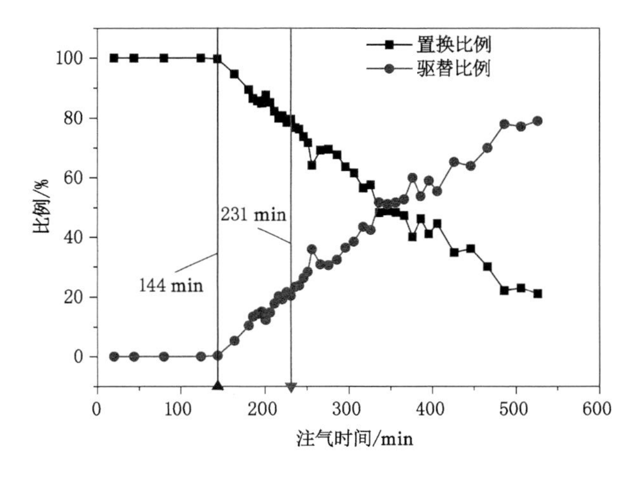

图 5-13　驱替置换比例随注气时间的变化规律(注气压力为 1.4 MPa)

解吸；另外，从分子运动理论来讲，煤体中吸附大量 CO_2 也会对 CH_4 的吸附产生一定的阻碍作用。这期间主要是 CO_2 的置换效应起作用。

第二阶段，在出气口可以检测到 CH_4 和 CO_2，CH_4 浓度由 100%下降到 50%，CO_2 浓度由 0 上升到 50%。CO_2 突破腔体后的一段时间内（注气压力为 0.6 MPa、1.0 MPa、1.4 MPa 下对应时间段分别为 440～640 min、236～382 min、144～231 min），析出气体组分中 CO_2 浓度迅速上升，同时 CH_4 浓度迅速下降，且析出 CH_4 流量也呈逐渐下降趋势。这段时间内腔体内的 CO_2 量不断上升，无论是煤体吸附的 CO_2 量还是游离的 CO_2 量都呈上升趋势，同时一部分注入的 CO_2 将解吸出的 CH_4 携载出腔体外，这个阶段，注入 CO_2 的携载作用已经开始显现，一部分注入的 CO_2 开始发挥驱替效应。随着注气的进行，滞留在腔体内的 CO_2 量上升趋势逐渐减缓，这段时间，各组分浓度变化幅度减小，注气流量与析出气体流量逐渐趋于稳定，腔体内压力上升趋势减缓并趋于稳定；驱替效应逐渐增强，注入的 CO_2 大部分携载 CH_4 排出腔体，只有少部分被煤体吸附或者进入腔体自由空间，表现为在腔体内的累计滞留量缓慢增加。这一阶段置换效应减弱，驱替效应增强。

第三阶段，在出气口可以检测到 CH_4 和 CO_2，CH_4 浓度由 50%持续下降、CO_2 浓度由 50%持续上升直到实验结束，且两种气体浓度变化的幅度越来越小。随着注入 CO_2 体积不断增大，煤对 CO_2 的吸附量趋于饱和，即 CO_2 对 CH_4 的置换能力逐渐消失。注气流量、析出气体流量基本稳定，腔体内压力趋于稳定。由于 CH_4 分压降低速度减慢且腔体内总压不变，与之前相比此时 CO_2 的置换效应已经较弱，持续的驱替效应使较弱的置换解吸得以维持下去，这时注入的 CO_2 大部分都携载置换出的 CH_4 流出腔体外。从 3 组实验的流量变化规律也可以看出，注气中后期，注气流量与析出气体流量曲线非常接近，此时大部分注入的 CO_2 产生驱替效应，即在实验中后期，CO_2 的驱替效应起主导作用。

5.7 注 CO_2 驱替煤中 CH_4 主导作用分析

在注 CO_2 驱替煤中 CH_4 实验条件下，累计置换比例、体积和驱替比例、体积随注气时间变化规律如图 5-14 和表 5-2 所示。

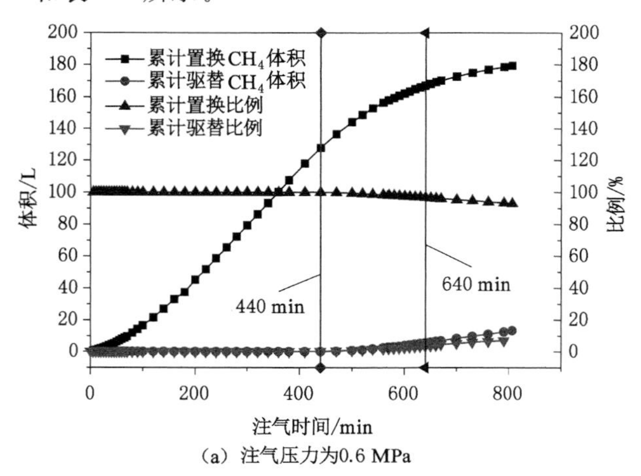

(a) 注气压力为0.6 MPa

图 5-14 累计置换比例(体积)和驱替比例(体积)随注气时间的变化规律

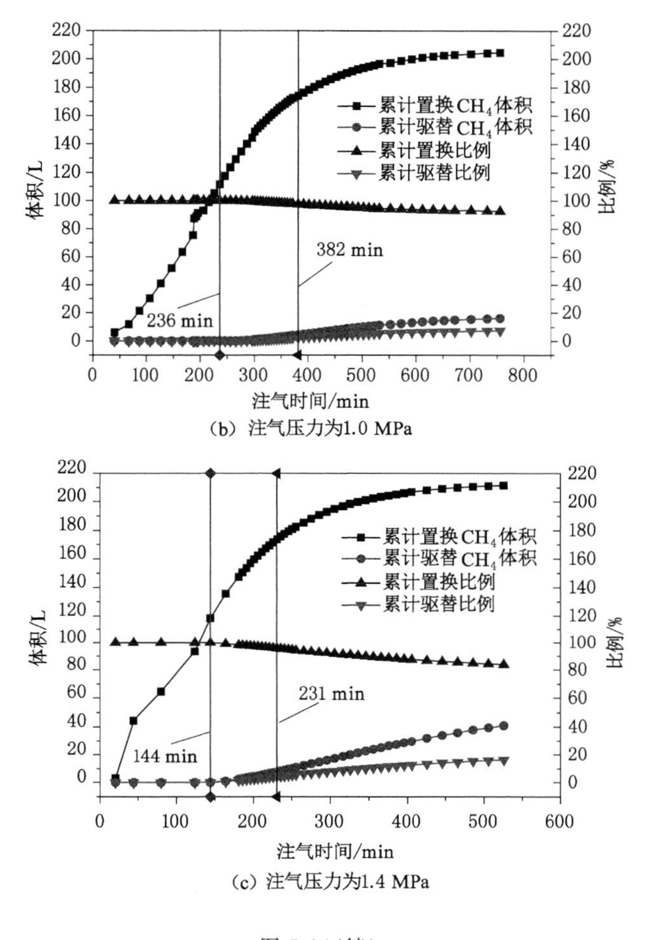

(b) 注气压力为1.0 MPa

(c) 注气压力为1.4 MPa

图 5-14(续)

表 5-2　不同注气压力下实验参数

注气压力/MPa	注气时间/min	累计置换 CH_4 体积/L	累计驱替 CH_4 体积/L	累计置换比例/%	累计驱替比例/%
0.6	1 627	179.42	13.38	93.06	6.94
1.0	1 426	209.28	20.26	91.17	8.83
1.4	526	211.41	40.98	83.76	16.24

由表 5-2 和图 5-14 可知，注气压力为 0.6 MPa 条件下，注气 1 627 min 时，累计置换比例为 93.06%，累计置换 CH_4 体积为 179.42 L，累计驱替比例为 6.94%，累计驱替 CH_4 体积为 13.38 L。注气压力为 1.0 MPa 条件下，注气 1 426 min 时，累计置换比例为 91.17%，累计置换 CH_4 体积为 209.28 L，累计驱替比例为 8.83%，累计驱替 CH_4 体积为 20.26 L。注气压力为 1.4 MPa 条件下，注气 526 min 时，累计置换比例为 83.76%，累计置换 CH_4 体积为 211.41 L，累计驱替比例为 16.24%，累计驱替 CH_4 体积为 40.98 L。综上所述，注 CO_2 驱替 CH_4 实验过程中，置换效应起主导作用。

第 6 章　煤层注气过程中压力分布及泄压后残存压力恢复规律

根据前期研究可知，煤层注气驱替 CH_4 在技术上是可行性的。然而，注气行为导致煤层气体压力升高程度和分布范围如何？泄压后，煤层残存瓦斯压力和分布如何？从安全的角度考虑，瓦斯压力是防突工作最为重要的参数，因此注气过程中气体压力场分布、泄压后瓦斯压力恢复规律和残存压力场分布是煤层注气强化瓦斯抽采技术中最受关注，且尚未解决的关键问题。本章根据物理模拟结果，通过数值模拟的方法对此问题进行研究。

6.1　煤层注气过程中压力变化规律

根据第 4 章所描述的实验方法进行模拟实验，监测煤层中预埋气体压力传感器压力变化情况。压力传感器的布置如图 6-1 所示。

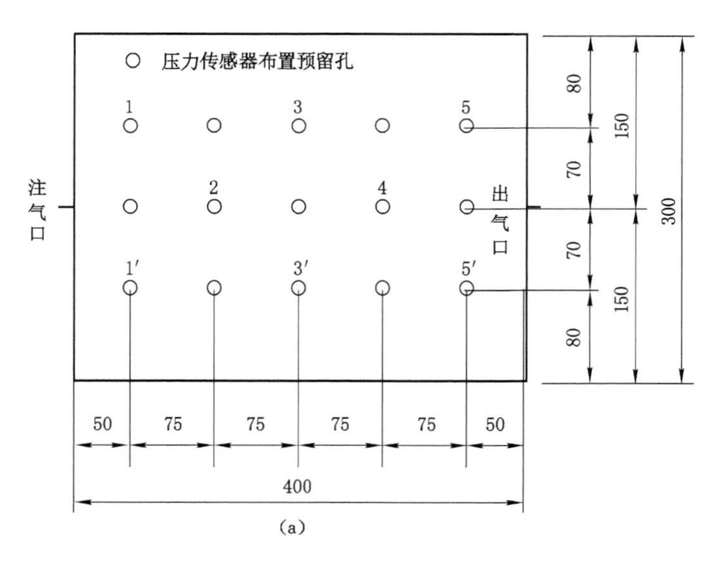

(a)

(b)

图 6-1　压力传感器布置图

6.1.1　煤层注 He 驱替 CH_4 过程中压力变化规律

注 He 驱替煤层 CH_4 实验中，注气压力为 0.6 MPa、1.0 MPa、1.4 MPa 时，驱替过程中孔隙压力随注气时间的变化规律如图 6-2 所示。

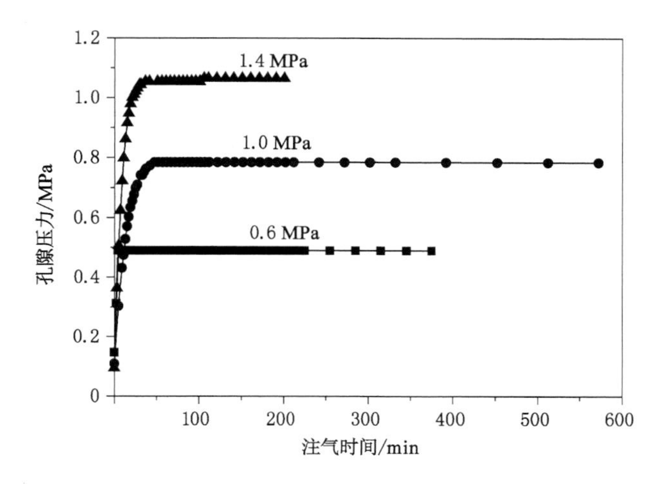

图 6-2　注 He 过程中孔隙压力随注气时间的变化规律

由图 6-2 可知，煤体孔隙压力小于注气压力，这是由于 He 被注入初期首先进入并迅速充满煤体内自由空间而损失压力，注气压力越大，孔隙压力损失得越大。注气压力为 0.6 MPa 时，耗时 4 min 孔隙压力达到 0.49 MPa，损失 0.11 MPa；注气压力为 1.0 MPa 时，耗时 45 min 孔隙压力达到 0.78 MPa，损失 0.22 MPa；注气压力为 1.4 MPa 时，耗时 40 min 孔隙压力达到 1.06 MPa，损失 0.34 MPa。

6.1.2　煤层注 N_2 驱替 CH_4 过程中压力变化规律

注 N_2 驱替煤层 CH_4 实验中，注气压力为 0.6 MPa、1.0 MPa、1.4 MPa 时，驱替过程中孔隙压力随注气时间的变化规律如图 6-3 所示。

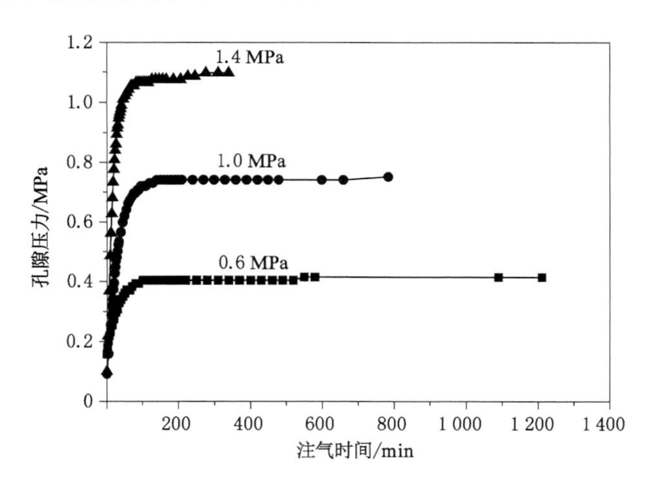

图 6-3　注 N_2 过程中孔隙压力随注气时间的变化规律

由图 6-3 可知，煤体孔隙压力小于注气压力，这是 N_2 被注入煤体内，一部分充填自由空间，一部分吸附在煤基质表面而造成的，注气压力越大，孔隙压力损失得越大。注气压力为 0.6 MPa 时，耗时 100 min 孔隙压力达到 0.40 MPa，损失 0.20 MPa；注气压力为 1.0 MPa

时，耗时 125 min 孔隙压力达到 0.75 MPa，损失 0.25 MPa；注气压力为 1.4 MPa 时，耗时 80 min 孔隙压力达到 1.1 MPa，损失 0.3 MPa。

6.1.3 煤层注 CO_2 驱替 CH_4 过程中压力变化规律

注 CO_2 驱替煤层 CH_4 实验中，注气压力为 0.6 MPa、1.0 MPa、1.4 MPa 时，驱替过程中孔隙压力随注气时间的变化规律如图 6-4 所示。

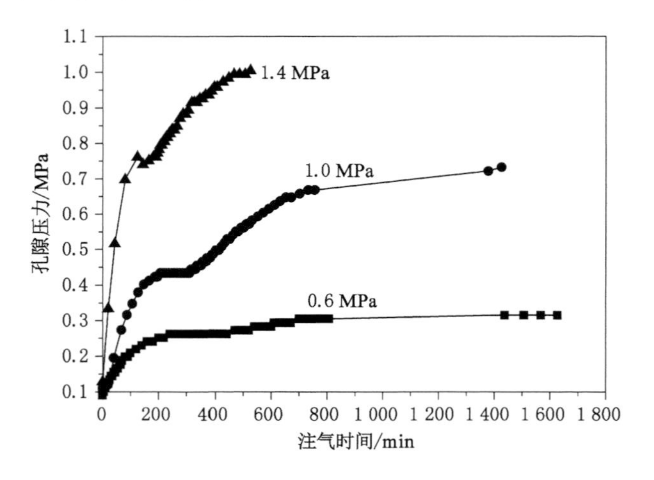

图 6-4 注 CO_2 过程中孔隙压力随注气时间的变化规律

由图 6-4 可知，煤体孔隙压力小于注气压力，这是 CO_2 被注入煤体内，一部分充填自由空间，一部分吸附在煤基质表面而造成的，注气压力越大，孔隙压力损失得越大。注气压力为 0.6 MPa 时，耗时 941 min 孔隙压力达到 0.32 MPa，损失 0.28 MPa；注气压力为 1.0 MPa 时，耗时 1 192 min 孔隙压力达到 0.72 MPa，损失 0.28 MPa；注气压力为 1.4 MPa 时，耗时 450 min 孔隙压力达到 1.0 MPa，损失 0.4 MPa。

6.1.4 煤层注 Air 驱替 CH_4 过程中压力变化规律

注 Air 驱替煤层 CH_4 实验中，注气压力为 0.6 MPa、1.0 MPa、1.4 MPa 时，驱替过程中孔隙压力随注气时间的变化规律如图 6-5 所示。

由图 6-5 可知，注 Air 驱替 CH_4 过程中，注气压力为 0.6 MPa 时，耗时 244 min 孔隙压力达到 0.45 MPa，损失 0.15 MPa；注气压力为 1.0 MPa 时，耗时 219 min 孔隙压力达到 0.77 MPa，损失 0.23 MPa；注气压力为 1.4 MPa 时，耗时 1.28 min 孔隙压力达到 1.28 MPa，损失 0.12 MPa。

6.1.5 相同注气压力下注入不同气体时孔隙压力变化规律

在注气压力为 0.6 MPa 条件下，不同注源气体时的孔隙压力随注气时间的变化规律如图 6-6 所示。

由图 6-6 可知，在注气压力为 0.6 MPa 条件下，注 He 孔隙压力上升速度最快，稳定压力最大，注气 4 min 后稳定在 0.49 MPa；注 N_2 孔隙压力上升速度次之，注气 100 min 后稳

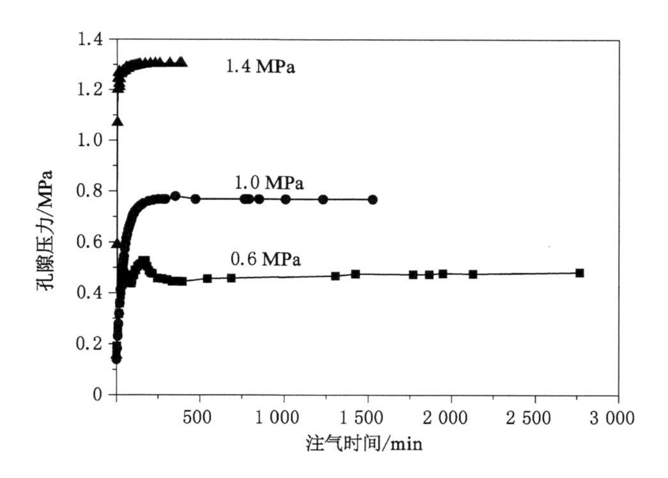

图 6-5　注 Air 过程中孔隙压力随注气时间的变化规律

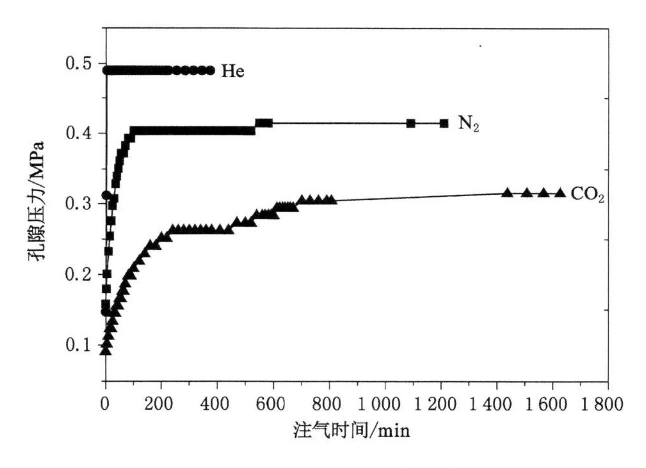

图 6-6　不同注源气体时的孔隙压力随注气时间的变化规律(注气压力为 0.6 MPa)

定在 0.40 MPa;注 CO_2 孔隙压力上升速度最慢,稳定时间最长,压力最小,注气 941 min 后稳定在 0.32 MPa。

在注气压力为 1.0 MPa 条件下,不同注源气体时的孔隙压力随注气时间的变化规律如图 6-7 所示。

由图 6-7 可知,在注气压力为 1.0 MPa 条件下,注 He 孔隙压力上升速度最快,稳定压力最大,注气 45 min 后稳定在 0.78 MPa;注 N_2 孔隙压力上升速度次之,注气 125 min 后稳定在 0.75 MPa;注 CO_2 孔隙压力上升速度最慢,稳定时间最长,压力最小,注气 1 192 min 后稳定在 0.72 MPa。

在注气压力为 1.4 MPa 条件下,不同注源气体时的孔隙压力随注气时间的变化规律如图 6-8 所示。

由图 6-8 可知,在注气压力为 1.4 MPa 条件下,注 He 孔隙压力上升速度最快,注气 40 min 后稳定在 1.06 MPa;注 N_2 孔隙压力上升速度次之,注气 80 min 后稳定在 1.1 MPa;注

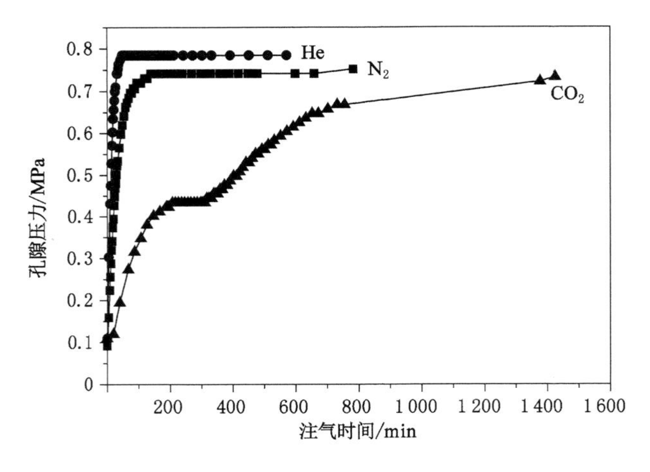

图 6-7　不同注源气体时的孔隙压力随注气时间的变化规律(注气压力为 1.0 MPa)

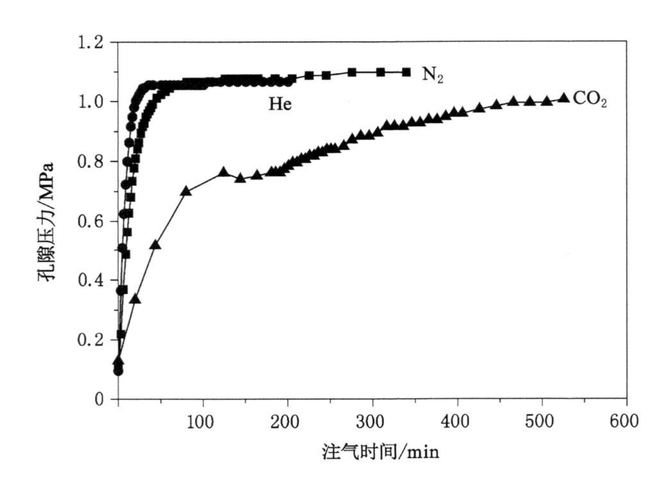

图 6-8　不同注源气体时的孔隙压力随注气时间的变化规律(注气压力为 1.4 MPa)

CO_2 孔隙压力上升速度最慢,稳定时间最长,注气 450 min 后达到 1.0 MPa。

综上所述,煤层注气驱替 CH_4 过程中煤体内孔隙压力变化规律为:

(1) 采用不同注源气体,孔隙压力达到峰值并稳定所需的时间不同,所耗时长短顺序为 CO_2＞N_2＞He,与煤对相应气体吸附性大小一致。

(2) 煤体最大孔隙压力小于注气压力,注气压力越大,损失的压力也越大。相同条件下,注 He 压力损失最小,N_2 次之,CO_2 最大。

6.2　泄压后残存压力恢复规律

煤层注气结束后,煤层中依然存在高压气体,此时开放出气口让腔体内气体自然排放,考察泄压后煤层残留高压气体的恢复情况。

6.2.1 煤层注 He 泄压后残存压力恢复规律

在煤层注 He 驱替 CH_4 实验条件下，泄压过程中孔隙压力随泄压时间的变化规律如图 6-9 所示。

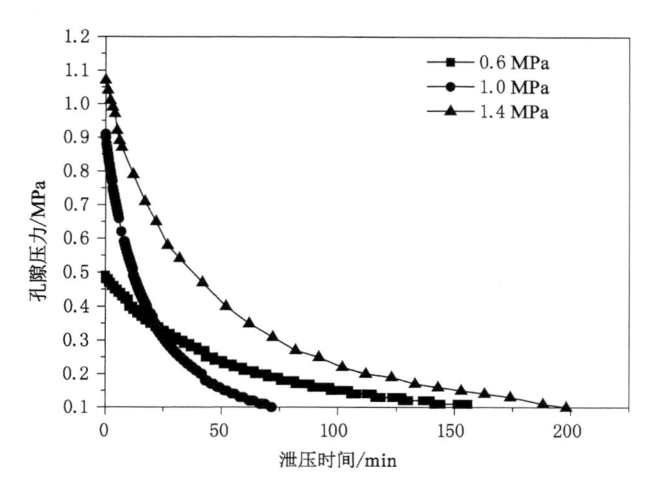

图 6-9 注 He 驱替后泄压过程中孔隙压力随泄压时间的变化规律

由图 6-9 可知，注气压力为 0.6 MPa、1.0 MPa、1.4 MPa 时，孔隙压力随泄压时间的延长逐渐降低，分别在泄压 64 min、40 min、112 min 后降至 0.2 MPa，分别在泄压 156 min、72 min、198 min 后降至 0.1 MPa。

6.2.2 煤层注 N_2 泄压后残存压力恢复规律

在煤层注 N_2 驱替 CH_4 实验条件下，泄压过程中孔隙压力随泄压时间的变化规律如图 6-10 所示。

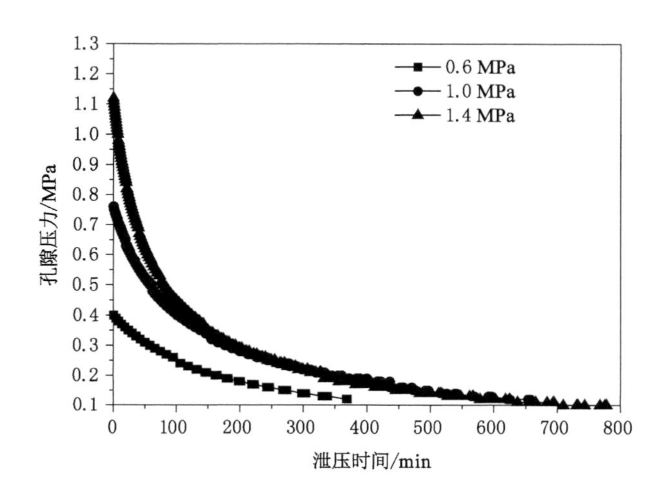

图 6-10 注 N_2 驱替后泄压过程中孔隙压力随泄压时间的变化规律

由图 6-10 可知，注气压力为 0.6 MPa、1.0 MPa、1.4 MPa 时，孔隙压力随泄压时间的延长逐渐降低，且降低速度逐渐变缓，分别在泄压 160 min、345 min、330 min 后降至 0.2 MPa，在泄压 370 min、658 min、710 min 后降至 0.1 MPa。

6.2.3 煤层注 CO_2 泄压后残存压力恢复规律

在煤层注 CO_2 驱替 CH_4 实验条件下，泄压过程中孔隙压力随泄压时间的变化规律如图 6-11 所示。

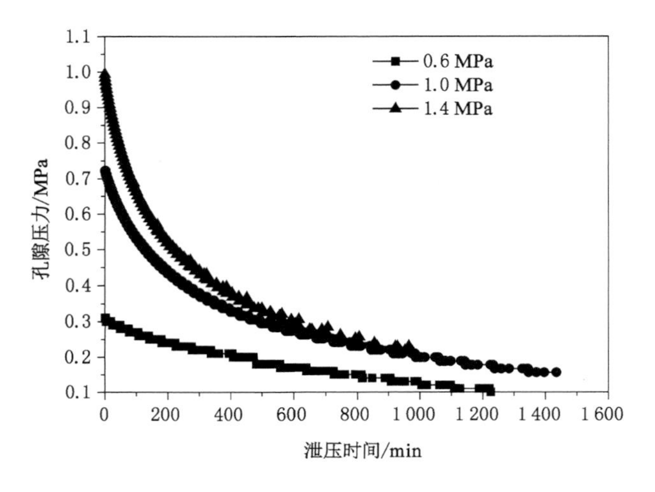

图 6-11 注 CO_2 驱替后泄压过程中孔隙压力随泄压时间的变化规律

由图 6-11 可知，注气压力为 0.6 MPa、1.0 MPa、1.4 MPa 时，孔隙压力随泄压时间的延长逐渐降低，分别在泄压 407 min、985 min、978 min 后降至 0.2 MPa 左右。

6.2.4 煤层注 Air 泄压后残存压力恢复规律

在煤层注 Air 驱替 CH_4 实验条件下，泄压过程中孔隙压力随泄压时间的变化规律如图 6-12 所示。

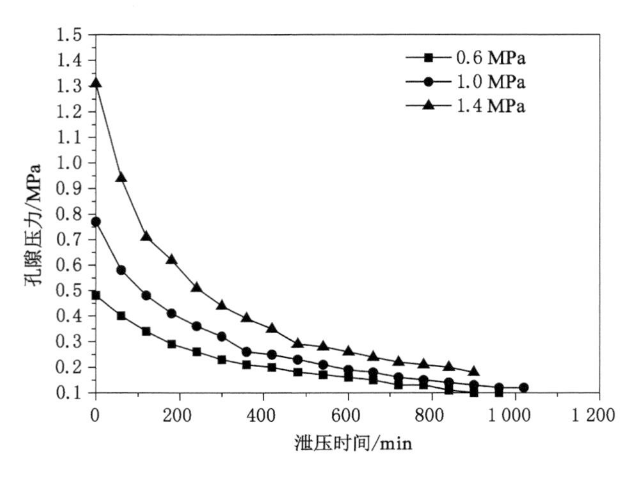

图 6-12 注 Air 驱替后泄压过程中孔隙压力随泄压时间的变化规律

由图 6-12 可知，注气压力为 0.6 MPa、1.0 MPa、1.4 MPa 时，孔隙压力随泄压时间的延长逐渐降低，且降低速度逐渐变缓，分别在泄压 420 min、550 min、840 min 后降至0.2 MPa。

6.2.5　相同注气压力下注入不同气体泄压后残存压力恢复规律

在不同注气压力条件下，注入不同气体驱替后泄压过程中孔隙压力随泄压时间的变化规律如图 6-13 至图 6-15 所示。

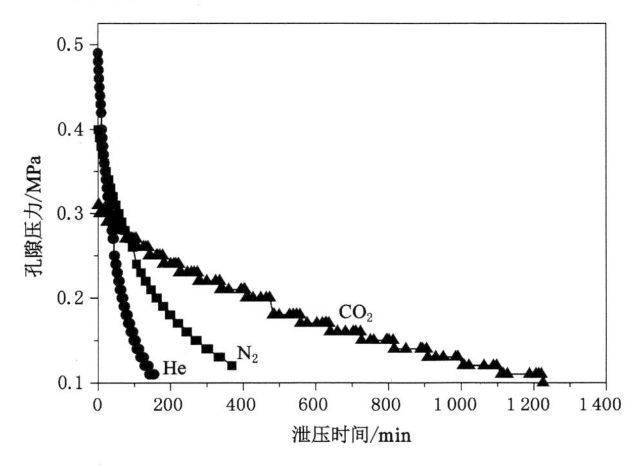

图 6-13　注入不同气体驱替后泄压过程中孔隙压力随泄压时间的变化规律（注气压力为 0.6 MPa）

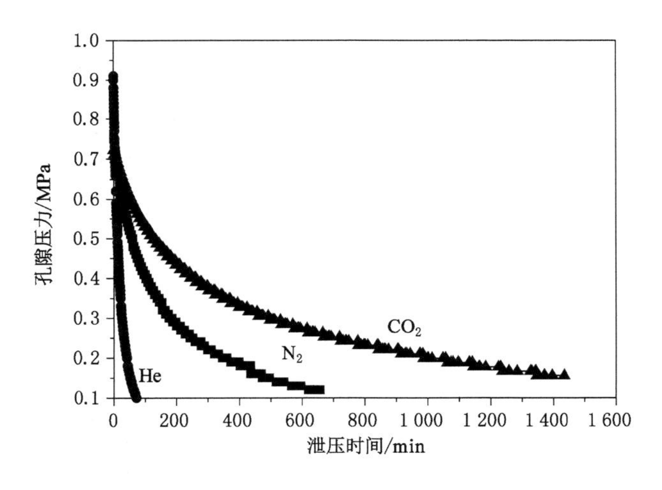

图 6-14　注入不同气体驱替后泄压过程中孔隙压力随泄压时间的变化规律（注气压力为 1.0 MPa）

由图 6-13 可知，注源气体分别为 He、N_2、CO_2 时的孔隙压力随泄压时间的延长逐渐降低，分别在泄压 64 min、160 min、407 min 后降至 0.2 MPa，分别在泄压 156 min、370 min、1 225 min 后降至 0.1 MPa。煤对气体吸附性越强，泄压速度越慢。

由图 6-14 可知，注源气体分别为 He、N_2、CO_2 时的孔隙压力随泄压时间的延长逐渐降低，分别在泄压 40 min、345 min、985 min 后降至 0.2 MPa。煤对气体吸附性越强，泄压速度越慢。

由图 6-15 可知，注源气体分别为 He、N_2、CO_2 时的孔隙压力随泄压时间的延长逐渐降

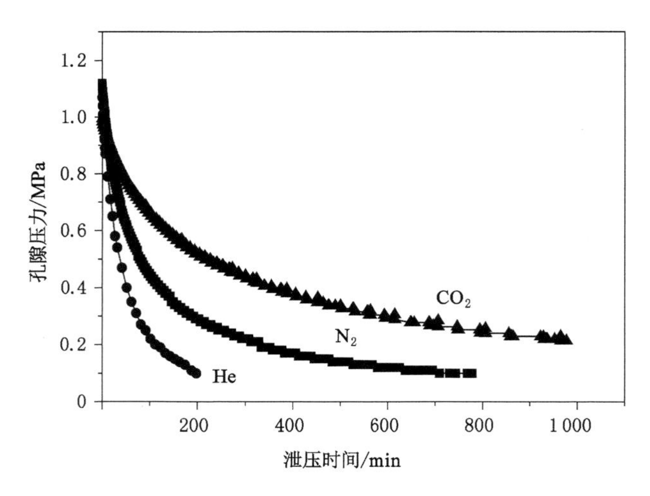

图 6-15　注入不同气体驱替后泄压过程中孔隙压力随泄压时间的变化规律(注气压力为 1.4 MPa)

低,分别在泄压 112 min、330 min、978 min 后降至 0.2 MPa。煤对气体吸附性越强,泄压速度越慢。

综上所述,注气结束后,腔体泄压后残存压力恢复规律如下:

(1) 泄压过程中各测点孔隙压力随泄压时间的延长逐渐下降到 0.1 MPa 左右,这表明在实验条件下,无论采用哪种注源气体,煤层中都不存在残留高压气体。

(2) 煤对气体吸附性越强,泄压速度越慢,所需泄压时间长短顺序为 CO_2＞N_2＞He,压力下降梯度大小顺序为 He＞N_2＞CO_2。

6.3　注气驱替 CH_4 过程中气体压力场效应

注气驱替 CH_4 实验,注气过程和泄压过程中的气体压力场效应是指煤层孔隙压力随注气压力、注气时间和泄压时间的变化规律,主要表现在时间空间上的变化规律[139]。

6.3.1　测点布置

为了能够更准确地监测煤层孔隙压力的变化规律,根据腔体的尺寸,设计了 2 组方案,如表 6-1 和图 6-16、图 6-17 所示。

表 6-1　气体压力场测点布置参数

测点编号	距注气口法向距离/mm	距腔体底面法向距离/mm	距腔体顶面法向距离/mm	距腔体前壁面法向距离/mm	距腔体后壁面法向距离/mm	备　注
1	50	150	150	150	150	方案 1:沿注气轴方向布置,注气压力为 1.4 MPa
2	125	150	150	150	150	
3	200	150	150	150	150	
4	275	150	150	150	150	
5	350	150	150	150	150	

表 6-1(续)

测点编号	距注气口法向距离/mm	距腔体底面法向距离/mm	距腔体顶面法向距离/mm	距腔体前壁面法向距离/mm	距腔体后壁面法向距离/mm	备　注
6	50	150	150	180	120	方案 2：垂直注气轴方向布置，注气压力为1.4 MPa
7	50	150	150	90	210	
8	50	150	150	240	60	
9	50	150	150	30	270	
10	200	150	150	190	110	
11	200	150	150	80	220	
12	200	150	150	250	50	

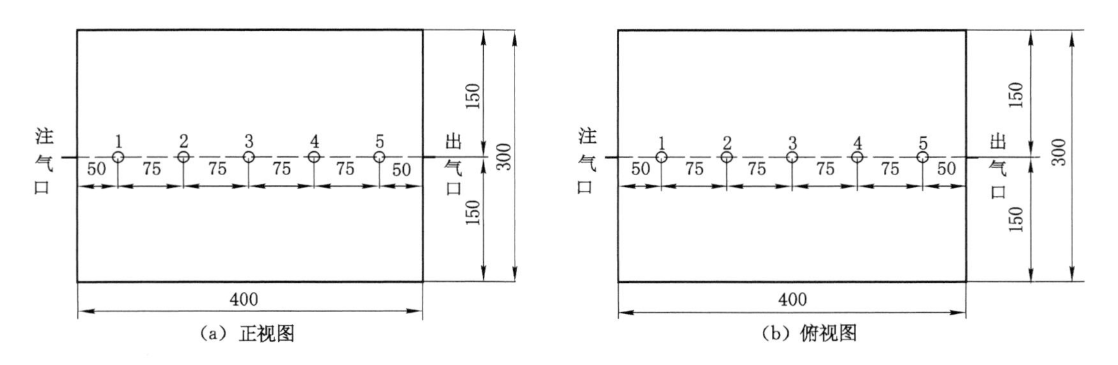

(a) 正视图　(b) 俯视图

图 6-16　沿注气轴方向测点布置图

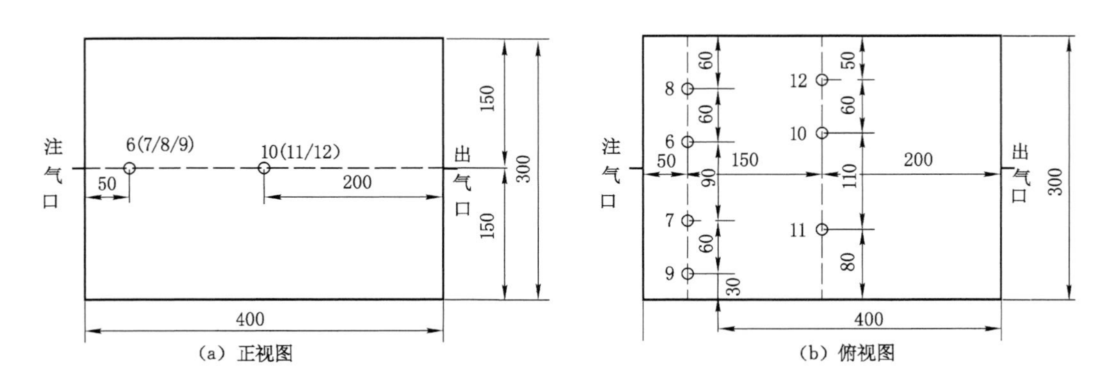

(a) 正视图　(b) 俯视图

图 6-17　垂直注气轴方向测点布置图

6.3.2　注 N_2 模拟实验过程中煤层气体压力场效应

6.3.2.1　沿注气轴方向孔隙压力分布规律

注气压力为 1.4 MPa 时，由测点 1—5 压力数据绘制孔隙压力随距注气口水平距离的变化曲线，如图 6-18 所示。

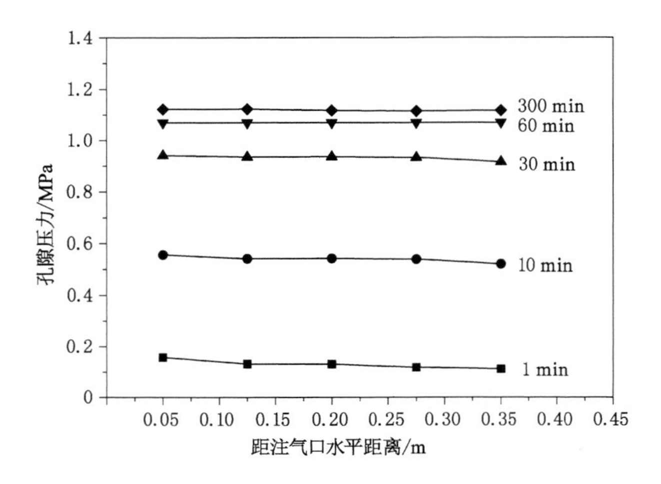

图 6-18　注气过程中沿注气轴方向孔隙压力随距注气口水平距离的变化曲线

由图 6-18 可知，孔隙压力与注气时间成正比，注气时间越长，孔隙压力越大，并逐渐接近注气压力。由于实验煤体存在大量的自由空间，有部分注源气体压力损失，所以孔隙压力小于注气压力。注源气体由注气口经过煤层到达出气口需要克服一定阻力，压力有部分损失，随着注气时间的延长，差值越来越小，直到平衡为止。注气 1 min 时，差值为 0.047 MPa；注气 10 min 时，差值为 0.026 MPa。受实验条件所限，这一差距有限。

6.3.2.2　垂直注气轴方向孔隙压力分布规律

注气压力为 1.4 MPa 时，由测点 6—9 压力数据得到的孔隙压力随距注气口垂直距离的变化曲线如图 6-19 所示。

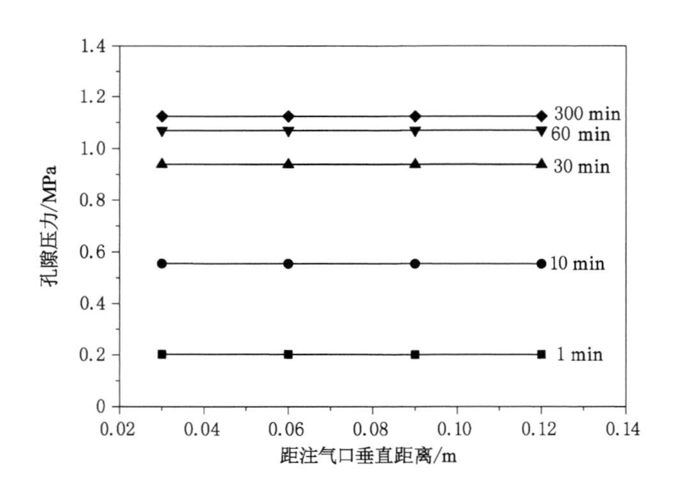

图 6-19　注气过程中垂直注气轴方向孔隙压力随距注气口垂直距离的变化曲线

由图 6-19 可知：(1) 相同注气时间时沿垂直注气轴的方向，孔隙压力差异较小，基本相等。(2) 孔隙压力与注气时间成正比，注气时间越长，孔隙压力越大，并逐渐接近注气压力。

6.3.3 注 N_2 结束后泄压过程中煤层残存气体压力场效应

6.3.3.1 沿注气轴方向残存气体压力分布规律

注气压力为 1.4 MPa 时，由测点 1—5 压力数据绘制沿注气轴方向孔隙压力随距注气口水平距离的变化曲线，如图 6-20 所示。

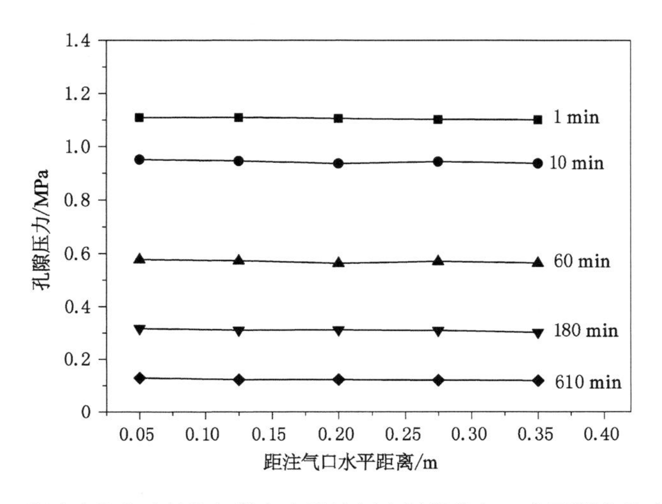

图 6-20　泄压过程中平行注气轴方向孔隙压力随距注气口水平距离的变化曲线

由图 6-20 可知：(1) 相同泄压时间时注气口和出气口测点之间孔隙压力的差别小到可以忽略不计。(2) 泄压时间越长，孔隙压力越小，直到接近 0.1 MPa 为止。

6.3.3.2 垂直注气轴方向残存气体压力分布规律

注气压力为 1.4 MPa 时，由测点 6—9 压力数据得到的孔隙压力随距注气口垂直距离的变化曲线如图 6-21 所示。

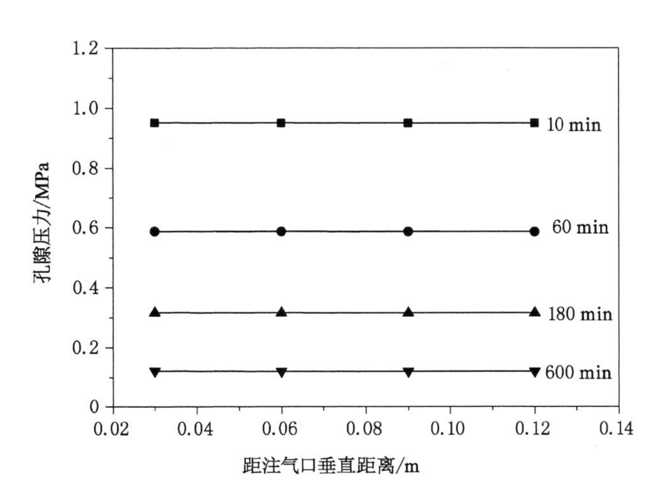

图 6-21　泄压过程中垂直注气轴方向孔隙压力随距注气口垂直距离的变化曲线

由图 6-21 可知：(1) 相同泄压时间时垂直注气轴的方向，孔隙压力差异较小。(2) 泄压时间越长，孔隙压力越小，直到接近 0.1 MPa 为止。

6.3.4 注 CO_2 模拟实验过程中煤层气体压力场效应

6.3.4.1 沿注气轴方向孔隙压力分布规律

注气压力为 1.4 MPa 时，由测点 1—5 压力数据绘制注气过程中沿注气轴方向孔隙压力随距注气口水平距离的变化曲线，如图 6-22 所示。

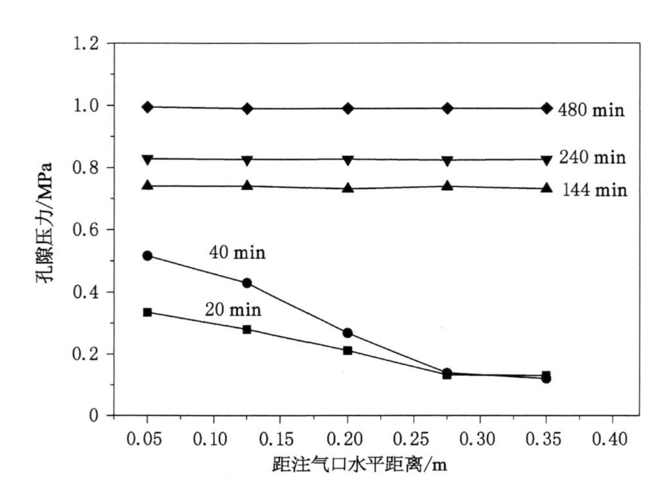

图 6-22　注气过程中平行注气轴方向孔隙压力随距注气口水平距离的变化曲线

由图 6-22 可知：(1) 孔隙压力与注气时间成正比，注气时间越长，孔隙压力越大。(2) 注源气体由注气口经过煤层到达出气口需要克服一定阻力，压力有部分损失，随着注气时间的延长，差值越来越小，直到平衡为止。注气 20 min 时，差值为 0.205 MPa；注气 40 min 时，差值为 0.369 MPa；到注气 144 min 时压力不再发生变化。

6.3.4.2 垂直注气轴方向孔隙压力分布规律

注气压力为 1.4 MPa 时，由测点 6—9 压力数据得到的孔隙压力随距注气口垂直距离的变化曲线如图 6-23 所示。

由图 6-23 可知：(1) 相同注气时间时垂直注气轴的方向，孔隙压力差异较小，基本相等。(2) 孔隙压力与注气时间成正比，注气时间越长，孔隙压力越大，最终达到 1.0 MPa。

6.3.5 注 CO_2 结束后泄压过程中煤层残存气体压力场效应

6.3.5.1 沿注气轴方向残存气体压力分布规律

注气压力为 1.4 MPa 时，由测点 1—5 压力数据绘制沿注气轴方向孔隙压力随距注气口水平距离的变化曲线，如图 6-24 所示。

由图 6-24 可知：(1) 相同泄压时间时注气口和出气口测点之间孔隙压力的差别小到可以忽略不计。(2) 泄压时间越长，孔隙压力越小，最终接近 0.2 MPa。

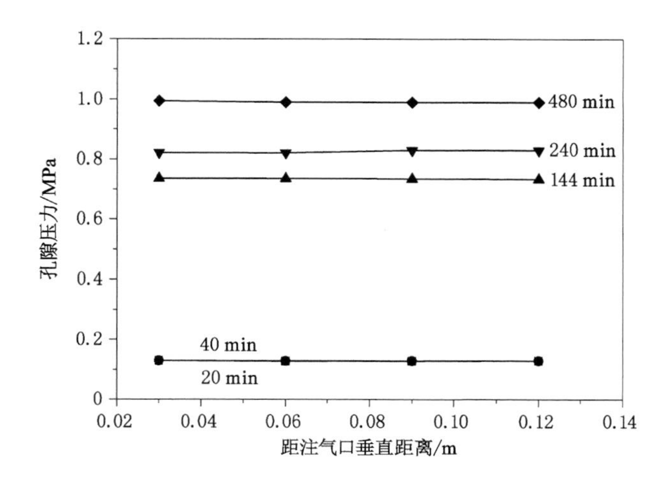

图 6-23　注气过程中垂直注气轴方向孔隙压力随距注气口垂直距离的变化曲线

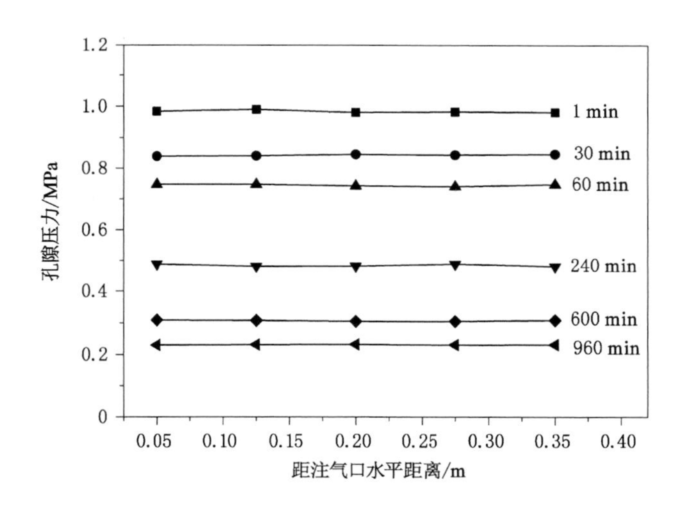

图 6-24　泄压过程中平行注气轴方向孔隙压力随距注气口水平距离的变化曲线

6.3.5.2　垂直注气轴方向残存气体压力分布规律

注气压力为 1.4 MPa 时，由测点 6—9 压力数据得到的孔隙压力随距注气口垂直距离的变化曲线如图 6-25 所示。

由图 6-25 可以看出，在本实验条件下，相同泄压时间时垂直注气轴的方向，孔隙压力差异较小；泄压时间越长，孔隙压力越小，最终接近 0.2 MPa。

6.3.6　注气模拟实验过程中煤层气体压力场效应

综上所述，煤层注 N_2 和 CO_2 时，驱替和泄压过程中孔隙压力场分布规律基本一致：同一时刻沿注气轴方向，随距注气口水平距离的增大，孔隙压力按指数形式逐渐降低；垂直注气轴方向，孔隙压力基本相等。相同条件下，注 CO_2 相比注 N_2 的孔隙压力变化缓慢，高压

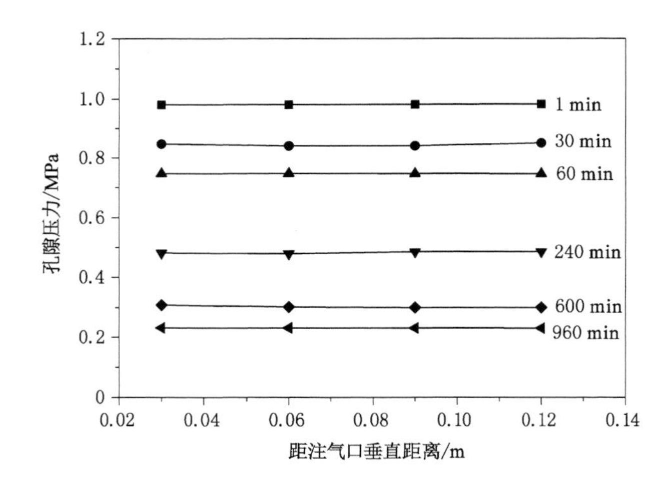

图 6-25　泄压过程中垂直注气轴方向孔隙压力随距注气口垂直距离的变化曲线

CO_2 在煤中滞留体积较大、时间较长。

6.4　注气数值模拟实验过程中煤层气体压力场效应

由于物理模拟条件所限，模拟煤层尺寸较小，受载应力小，透气性较好，从而导致注气口和出气口以及在垂直注气轴方向上气体压力差异较小，甚至无差别的现象，这与实际条件存在较大差别。为了校正实验结论，结合前人在数值模拟方面的经验[18,77,115,140-142]，本书以煤层注 N_2 驱替 CH_4 为例，通过 COMSOL Multiphysics 数值模拟软件来验证注气和泄压过程中的压力场分布规律。

6.4.1　数学模型

（1）气体在孔隙中的扩散方程

根据菲克扩散定律，CH_4、N_2、CO_2 在孔隙系统中扩散的质量守恒方程为：

$$\frac{\partial c_i}{\partial t} + \nabla \cdot (-D_i \nabla c_i) = -Q_i \quad (i = 1,2) \tag{6-1}$$

式中，i 为气体组分，$i=1$ 代表 CH_4，$i=2$ 代表 N_2 或 CO_2；c_i 为组分 i 的浓度，kg/m^3；D_i 为组分 i 的扩散系数，m^2/s；Q_i 为汇源项，反映基质孔隙系统中的吸附态气体与裂隙系统中的游离态气体之间的质量交换。

（2）气体在裂隙中的渗流方程

假设游离气体在煤层中的运移均可视为渗流过程，则气体在煤层中渗流的质量守恒方程为：

$$\frac{\partial m_i}{\partial t} + \nabla \cdot (\rho_i v) = -Q_i \quad (i = 1,2) \tag{6-2}$$

式中，ρ_i 为气体组分 i 的密度，kg/m^3；v 为气体总的渗流速度，m/s；m_i 为气体组分 i 的含量，kg/m^3，包括游离态，不包括吸附态，定义为：

$$m_i = \varphi\rho_i \tag{6-3}$$

式中，φ 为孔隙率。

（3）多元气体吸附平衡方程

吸附态组分在假想平衡压力下的含量可由广义朗缪尔方程表示：

$$c_{pi} = \rho_{ia}\rho_c \frac{a_i b_i p_i}{1 + b_1 p_1 + b_2 p_2} \tag{6-4}$$

式中，ρ_{ia} 为标准条件下的气体组分 i 的密度，kg/m^3；ρ_c 为煤体的密度，kg/m^3；a_i 为各组分在煤层中单独吸附时的极限吸附量，m^3/kg；b_i 为各组分吸附平衡常数，MPa^{-1}；p_1，p_2 分别为气体组分 1、2 的平衡分压。

（4）质量交换方程

煤体基质孔隙系统中的吸附态气体与裂隙系统中的游离态气体之间的质量交换，定义为：

$$Q_i = (c_i - c_{pi})\tau \tag{6-5}$$

式中，τ 为解吸扩散系数，反映吸附态气体解吸并向裂隙系统扩散的难易程度，可由实验确定。

（5）交叉耦合方程

将式(6-3)至式(6-5)代入式(6-2)，可以得到：

$$\begin{cases} \dfrac{\varphi \cdot m_1}{R_1 T}\dfrac{\partial p_1}{\partial t} - \nabla\cdot\left(\dfrac{m_1 k p_1}{R_1 T\mu_1}\nabla p\right) = Q_1 \\ \dfrac{\varphi \cdot m_2}{R_2 T}\dfrac{\partial p_2}{\partial t} - \nabla\cdot\left(\dfrac{m_2 k p_2}{R_2 T\mu_2}\nabla p\right) = Q_2 \end{cases} \tag{6-6}$$

方程(6-1)和方程(6-6)共同构成多组分气体在孔隙裂隙系统中扩散、渗流的连续性方程[143]。

6.4.2　数值模型及边界条件

煤层注气驱替 CH_4 的过程在空间上实际是三维的，但考虑数值模拟的可行性与有效性，将其简化为二维问题。选取注气轴的水平面进行研究，数值模型见图 6-26。一方面由于垂直注气轴方向为无限边界，另一方面为了防止边界效应对数值模拟的影响，因此把模型的高度设置为 30 m，此距离合适且可达到要求；由于注气口和出气口分布在两侧，所以综合考虑实验需要和现场注气试验的有效影响半径[144]，把模型的宽度设置为 3 m。其他模拟实验条件为：注气口和出气口直径均为 94 mm，煤层初始瓦斯压力为 0.1 MPa，模型四周为零流量边界，出气口压力为 0.1 MPa，注气口边界压力可设为 1.4 MPa。数值模拟所用相关物性参数见表 6-2，其中瓦斯特性参数由实验获得[143]。

表 6-2　煤体与气体的物性参数

符号	参数名称	数值	单位
ρ_c	煤体的密度	1.76×10^3	kg/m^3
φ	煤体的孔隙率	0.04	%
k_1	煤体的渗透率	3.52×10^{-16}	m^2

表 6-2(续)

符号	参数名称	数值	单位
k_2	煤体的渗透率	3.52×10^{-17}	m^2
k_3	煤体的渗透率	3.52×10^{-18}	m^2
ρ_{1a}	CH_4 在标准条件下的密度	0.717	kg/m^3
μ_1	CH_4 的动力黏度系数	1.03×10^{-5}	Pa·s
a_1	CH_4 的朗缪尔常数	0.032 142	m^3/kg
b_1	CH_4 的朗缪尔常数	2.3	MPa^{-1}
ρ_{2a}	N_2 在标准条件下的密度	1.25	kg/m^3
μ_2	N_2 的动力黏度系数	1.69×10^{-5}	Pa·s
a_2	N_2 的朗缪尔常数	0.025 19	m^3/kg
b_2	N_2 的朗缪尔常数	1.36	MPa^{-1}
p_a	标准条件下的气体压力	0.101 325	MPa

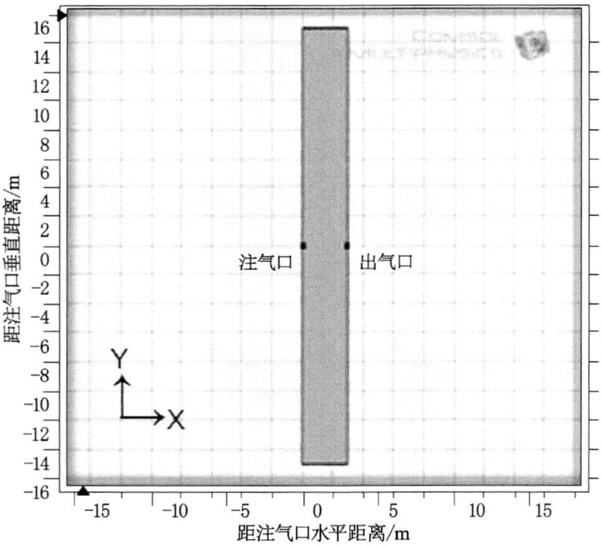

图 6-26　注气实验数值模拟模型

6.4.3　煤层注 N_2 驱替 CH_4 过程的模拟结果

当注气压力为 1.4 MPa 时，注气过程中不同注气时间时孔隙压力分布云图见图 6-27。

当注气压力为 1.4 MPa 时，不同渗透率条件下，平行注气轴方向孔隙压力随距注气口水平距离的变化规律如图 6-28 所示。

由图 6-28 可知：(1) 注 N_2 过程中平行注气轴方向，孔隙压力与注气时间成正比，且小于注气压力，以煤层渗透率为 3.52×10^{-16} m^2 为例，注气 10 d 为 0.45 MPa，注气 15 d 为 0.75 MPa，注气 20 d 为 1.00 MPa。(2) 距注气口距离越近，孔隙压力越高；反之，越小。

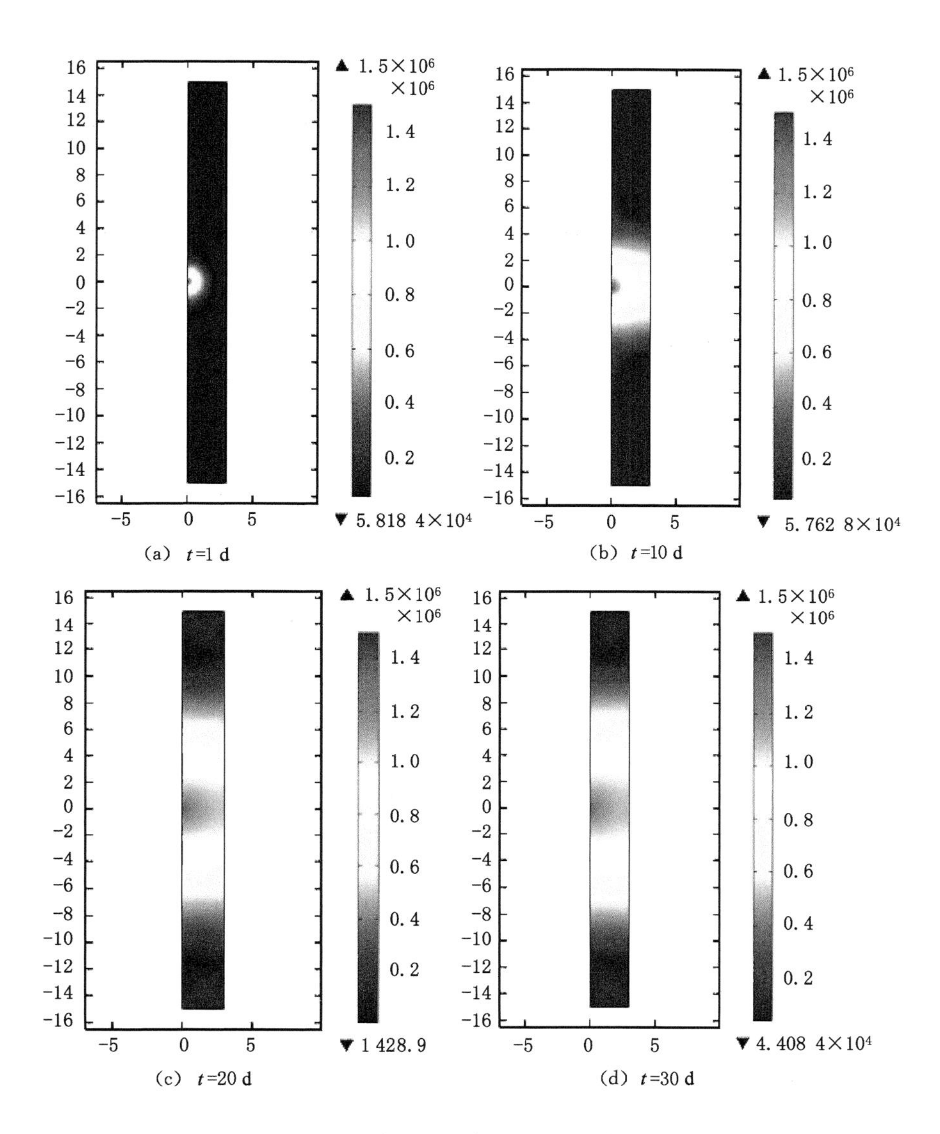

(a) t=1 d　(b) t=10 d　(c) t=20 d　(d) t=30 d

图 6-27　注 N_2 过程中孔隙压力分布云图(渗透率为 3.52×10^{-16} m^2)

(3) 在距注气口相同距离处,注气时间越长,孔隙压力越大,即长时间注气后,煤体裂隙打开,阻力逐渐变小。(4) 煤层渗透率越低,压力上升的速度越缓慢。

当注气压力为 1.4 MPa 时,不同渗透率条件下,垂直注气轴方向孔隙压力随距注气口垂直距离的变化规律如图 6-29 所示。

由图 6-29 可知:(1) 注气影响半径与注气时间成正比,以煤层渗透率为 3.52×10^{-16} m^2 为例,注气 1 d 影响半径为 2 m,注气 5 d 影响半径为 4 m,注气 10 d 影响半径为 7 m,注气 20 d 影响半径为 7.6 m。即注气时间越长突破煤体的范围越广,裂隙打开的范围越大。(2) 在相同注气时间内,煤层渗透率越低,注气影响范围越小。

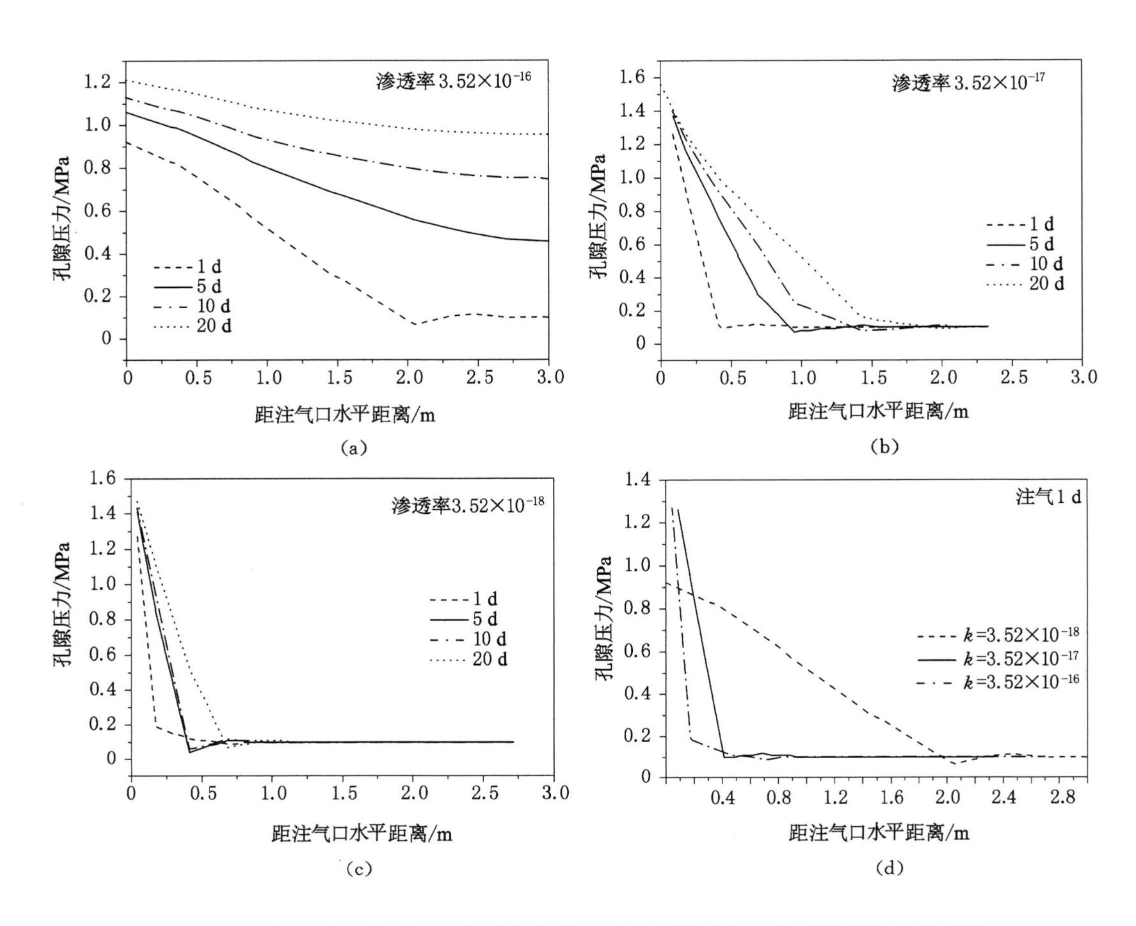

图 6-28　注气过程中平行注气轴方向孔隙压力随距注气口水平距离的变化规律

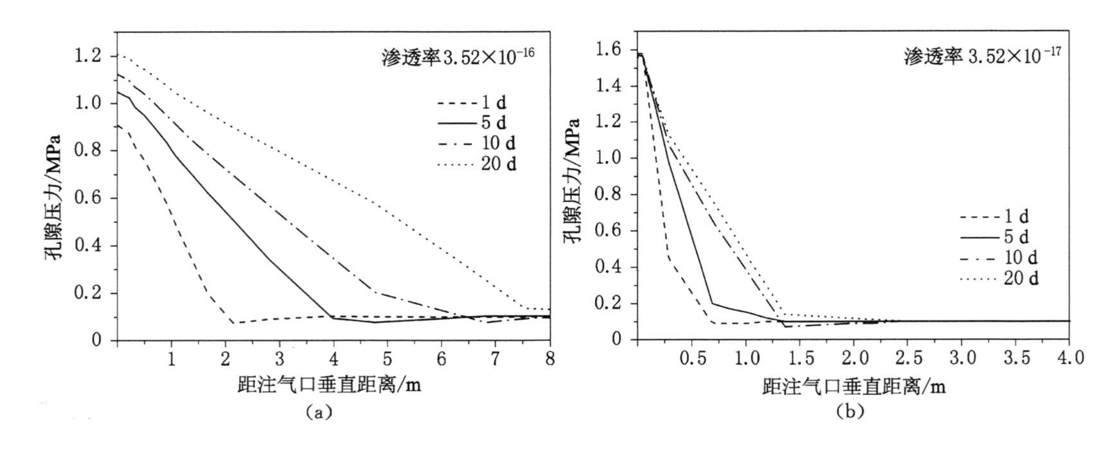

图 6-29　注气过程中垂直注气轴方向孔隙压力随距注气口垂直距离的变化规律

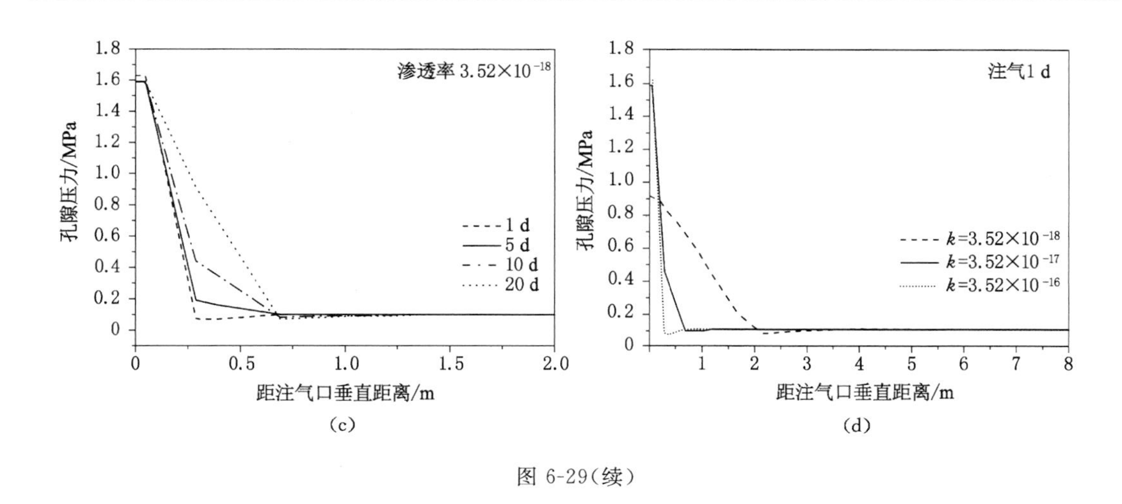

图 6-29(续)

6.4.4 煤层注 N_2 后泄压过程的模拟结果

由图 6-30 可知：(1) 停止注气泄压后，孔隙压力逐渐下降；在距注气口相同距离处，注气时间越长，孔隙压力越小。(2) 煤体渗透率越低，泄压速度越缓慢。

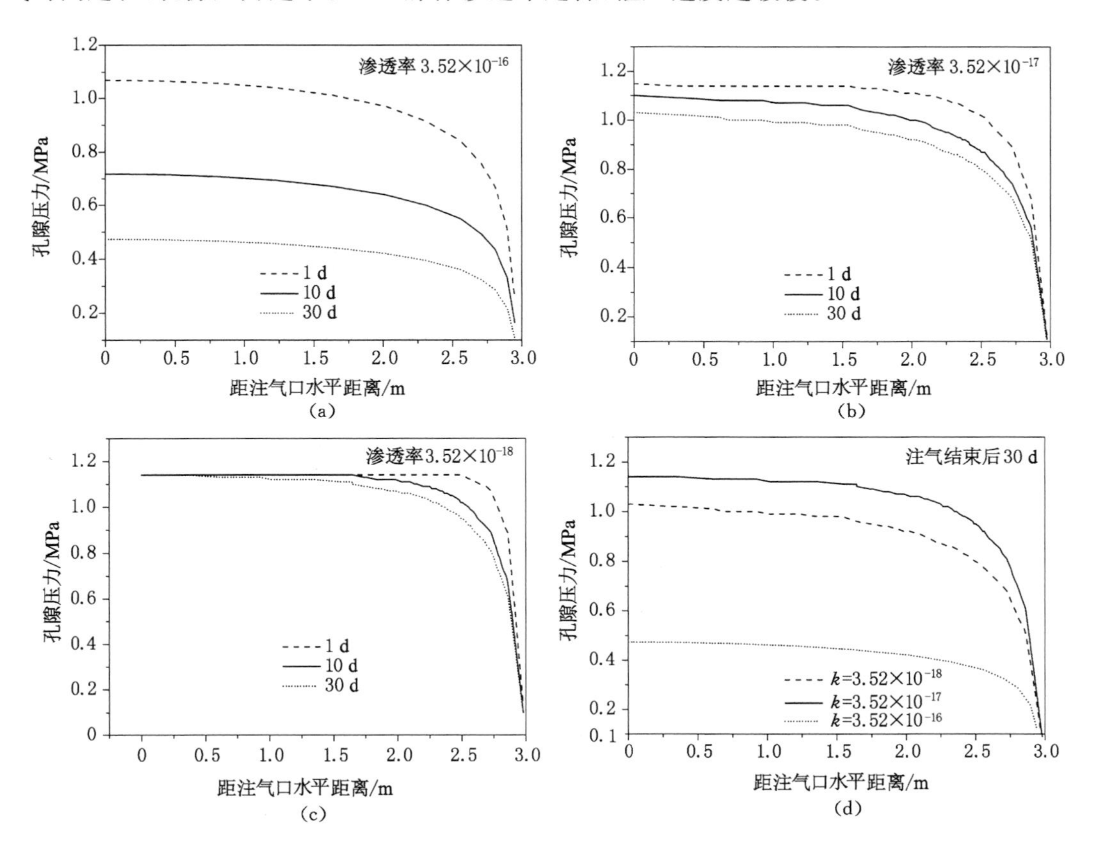

图 6-30　泄压过程中平行注气轴方向孔隙压力随距注气口水平距离的变化规律

由图 6-31 可知:(1) 在相同卸压时间内,孔隙压力与距注气口垂直距离成正比;泄压时间越长,孔隙压力越低;煤体渗透率越低,泄压速度越缓慢。(2) 在相同渗透率条件下,泄压时间越长,孔隙压力越低。

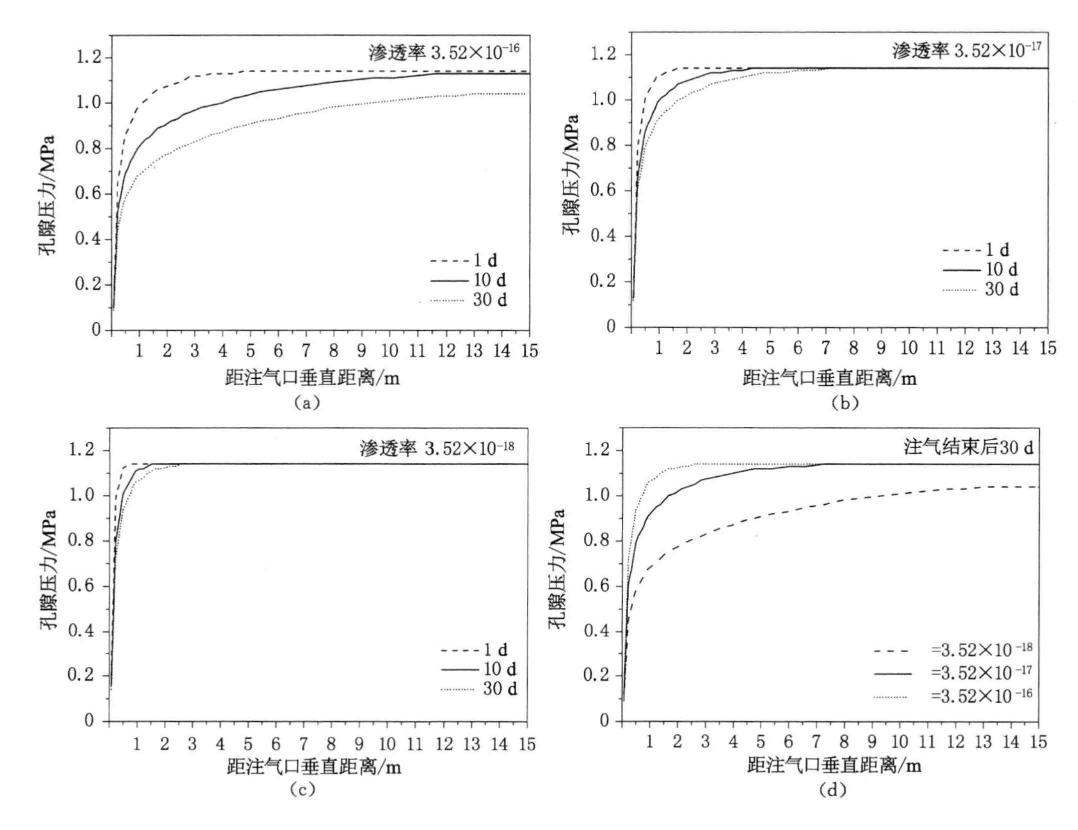

图 6-31　泄压过程中垂直注气轴方向孔隙压力随距注气口垂直距离的变化规律

6.5　数值模拟结果与物理模拟结果对比分析

根据物理模拟和数值模拟结果,得出煤层注气驱替 CH_4 过程中压力分布和泄压后残存压力恢复规律如下:

(1) 在注气过程中,沿注气轴方向,孔隙压力与注气时间和煤层渗透率成正比;垂直注气轴方向,孔隙压力与距注气口垂直距离成反比,与注气时间和煤层渗透率成正比。

(2) 在泄压过程中,沿注气轴方向,孔隙压力与距注气口水平距离成反比,与卸压时间和煤层渗透率成反比;垂直注气轴方向,孔隙压力与距注气口垂直距离成正比,与卸压时间和煤层渗透率成反比,只要泄压时间足够长,孔隙压力都会下降直至接近大气压。

第7章　煤层注气驱替瓦斯消突机理及工程实践

煤与瓦斯突出发生原因及过程非常复杂，目前，关于突出发生机理的研究还处于假设阶段，但共识是其主要受地应力影响，还受瓦斯和煤岩的物理力学性质影响，并且都具有一定厚度的构造煤[145]。因此，我国建立了"四位一体"综合防突体系，而从根本上来讲还是瓦斯抽采问题[146]。但是由于我国绝大部分的突出煤层均属于低透气性煤层[2-3]，瓦斯抽采难度大、不均衡、效率低、消突效果差。所以，针对低透气性煤层，需要进行强化增透，而煤层注气驱替煤层瓦斯经验证是一种非常有效的技术措施，然而其消突机理尚未研究清楚。本章通过注气对煤层瓦斯的响应特性初步探讨其消突机理，并根据研究成果进行工程实践。

7.1　煤与瓦斯突出机理研究

国内外学者提出的假说主要体现在三个方面：瓦斯作用假说、地应力作用假说、综合作用假说[147-149]：

（1）瓦斯作用假说

瓦斯作用假说认为瓦斯是突出的主要因素。T. J. Tayor[150]、H. Rowan[151]认为高压瓦斯在由煤体内部向采掘工作面涌出时受阻，易形成高压"瓦斯包"，当采掘活动临近"瓦斯包"时，在瓦斯压力的作用下会造成突出。H. W. Halbaum[152]认为瓦斯压力梯度是突出的主控因素，压力梯度越大，越容易发生突出。W. H. Telfer[153]认为"瓦斯包"中瓦斯比周围煤岩体中瓦斯的释放速度更快。P. A. C. Wilson[154]认为构造带附近容易形成瓦斯集聚，是突出发生的危险区域。

（2）地应力作用假说

该类假说认为地应力是煤与瓦斯突出的主控因素，构造应力和采掘活动产生的应力叠加是发生突出的重要原因[155-156]。J. Loriet 等[157]首先提出煤与瓦斯突出与地应力有关。国外学者从能量角度考虑，认为变形的煤岩体所积聚的弹性能释放是发生突出的重要原因，工作面与回采巷道交叉处容易形成应力集中区，该区域的煤体容易发生移动和破坏，进而容易发生突出。

（3）综合作用假说

该类假说认为突出是地应力、瓦斯和煤体强度综合作用的结果。通过多因素分析，对具体的突出现象给出了较为合理的解释，但对突出的各因素的作用和数量关系尚无统一的认识。从多因素考虑，蒋承林[158]提出了球壳失稳理论；周世宁等[159]提出了流变理论；赵阳升等[160]、梁冰等[161]认为突出是应力、瓦斯和煤体耦合作用的结果。

7.2 防治煤与瓦斯突出方法

基于前人对煤与瓦斯突击机理和突出发生条件的研究，我国颁布施行了《防治煤与瓦斯突出细则》，鉴定煤层是否存在突出危险，主要从煤的破坏类型、瓦斯压力、瓦斯放散初速度、煤体软硬程度四项指标来判断。由此认为，降低瓦斯压力，即降低瓦斯内能，提高煤体强度，提高突出阻力是防突的重点。而降低瓦斯压力的最重要手段就是瓦斯抽采，同时可减小对煤体的破坏程度，提高突出阻力[162-163]。具体的防治煤与瓦斯突出思路如图 7-1 所示。

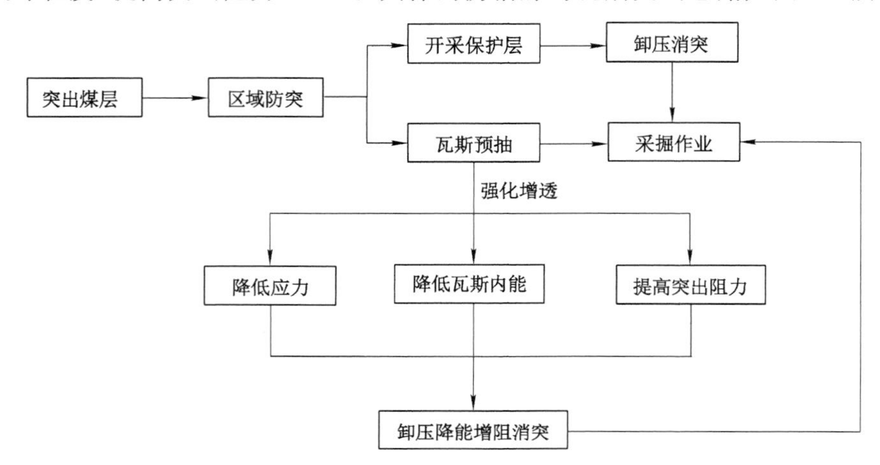

图 7-1 防治煤与瓦斯突出思路

前人和本书的研究，证实了煤层注气强化瓦斯抽采、快速消突的有效性。根据现场试验，煤层注气适用的方式及分类如图 7-2 所示。

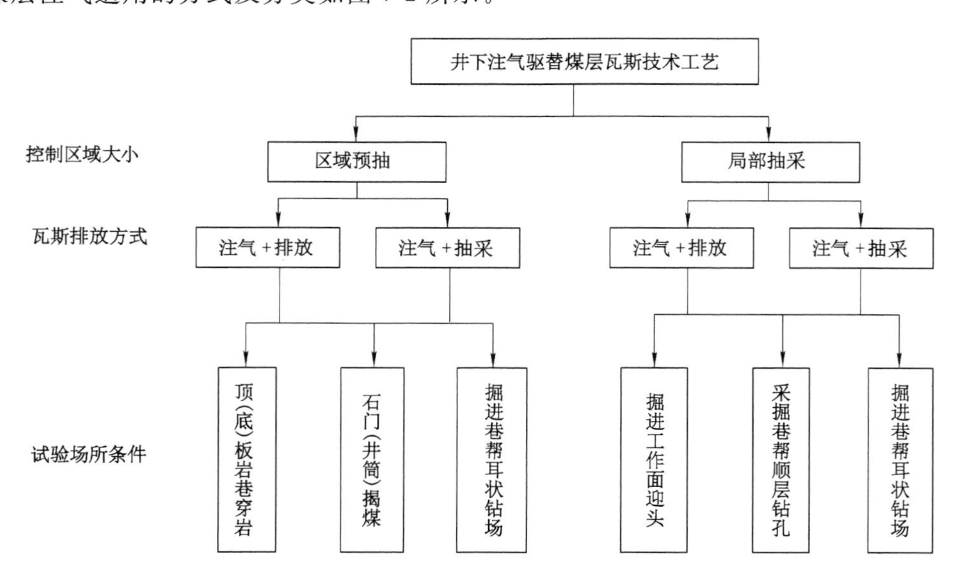

图 7-2 井下注气方式及其分类

（1）注气压力：低压注气——$p \leqslant 0.65$ MPa，高压注气——$p > 0.65$ MPa。

（2）注气钻孔形式：穿层钻孔、本煤层顺层钻孔。

（3）瓦斯排放方式：边注边排、边注边抽。

（4）注气持续时间：持续式注气、间歇式注气。

（5）注气气源：CO_2、N_2、Air。

7.3 煤层注气驱替瓦斯响应特性及消突机理

7.3.1 注气对煤体渗透性和所受应力的影响

根据煤层注气驱替 CH_4 物理模拟实验结果可知，在不同注气压力条件下注入不同气源都大大加强了煤体的渗透性。究其原因是在气体渗流扩散过程中，气体压力对渗流裂隙起到一定的膨胀支撑作用，维持渗流通道，致使煤层透气性增加[117,164-165]。国内外学者对于不同条件下注气前后煤体的渗透率进行了对比分析。W. D. Gunter 等[12]根据现场注气试验发现：向煤层中注入 CO_2 后，其渗透率降低；注入 N_2 后，其渗透率增加。隆清明等[166]、周军平等[167]通过实验发现：注入吸附性强于 CH_4 的气体，煤体的渗透率降低；反之，渗透率增加。其原因有二：一是注入的强吸附性气体（CO_2）导致煤体渗透孔体积减小。二是 CO_2 的吸附性强于 CH_4，故 CO_2 分子大量吸附在煤体孔隙表面，从而使渗透的孔截面缩小，进而导致渗透率降低[168]。李元星[95]采用双柳煤矿 3 号、4 号原煤样，在轴压 6 MPa、围岩 5 MPa 条件下，进行了注空气驱替实验。其中，3 号煤样平均渗透率由驱替前的 0.015 12 mD 增大到驱替后的 0.016 79 mD，证明了连续驱替方式可提高煤样渗透率；4 号煤样间歇驱替前后渗透率由 0.015 12 mD 降为 0.013 12 mD，降低了 13.23%，证实了间歇注气可导致煤样渗透率降低。

众所周知，煤体所受应力由自重和构造产生的地应力与吸附瓦斯所引起的附加应力组成[99]，如式(7-1)所示。

$$\sigma = \sigma_r + \sigma_c \tag{7-1}$$

式中，σ 为含瓦斯煤体所受应力，MPa；σ_r 为地应力，MPa；σ_c 为由吸附瓦斯引起的附加应力，MPa。附加应力是指煤基质表面吸附瓦斯后膨胀变形所产生的力。在地应力不变的条件下，向煤体注入强吸附性气体（CO_2）后，煤体因吸附膨胀变形增大，应力增加；而注入弱吸附性气体（N_2 或者 Air）后，煤体的膨胀变形减小，应力降低[101,115]。

综上所述，在煤层注气过程中，煤体渗透性由于注入气体压力的影响而增强。在注气结束后，注入气源的吸附性不同，对煤体渗透率的影响程度也不同。其中，注入吸附性强于 CH_4 的气体，煤体渗透率降低，应力增加，从而有利于瓦斯突出的发生；注入吸附性弱于 CH_4 的气体，煤体渗透率增加，应力降低，从而不利于瓦斯突出的发生。

7.3.2 煤层注气对煤体瓦斯内能的影响

根据前述煤层注气驱替实验结果，得出煤层 CH_4 的驱替率随驱替体积比的变化规律，以及注源气体滞留率随驱替体积比的变化规律，如图 7-3 和图 7-4 所示。这里，驱替率为排出 CH_4 体积与煤体中原始 CH_4 体积之比，驱替体积比为注入气体体积与煤体中原始 CH_4 体积之比，滞留率为滞留在煤中的注源气体体积与注入气体体积之比[77,168]。

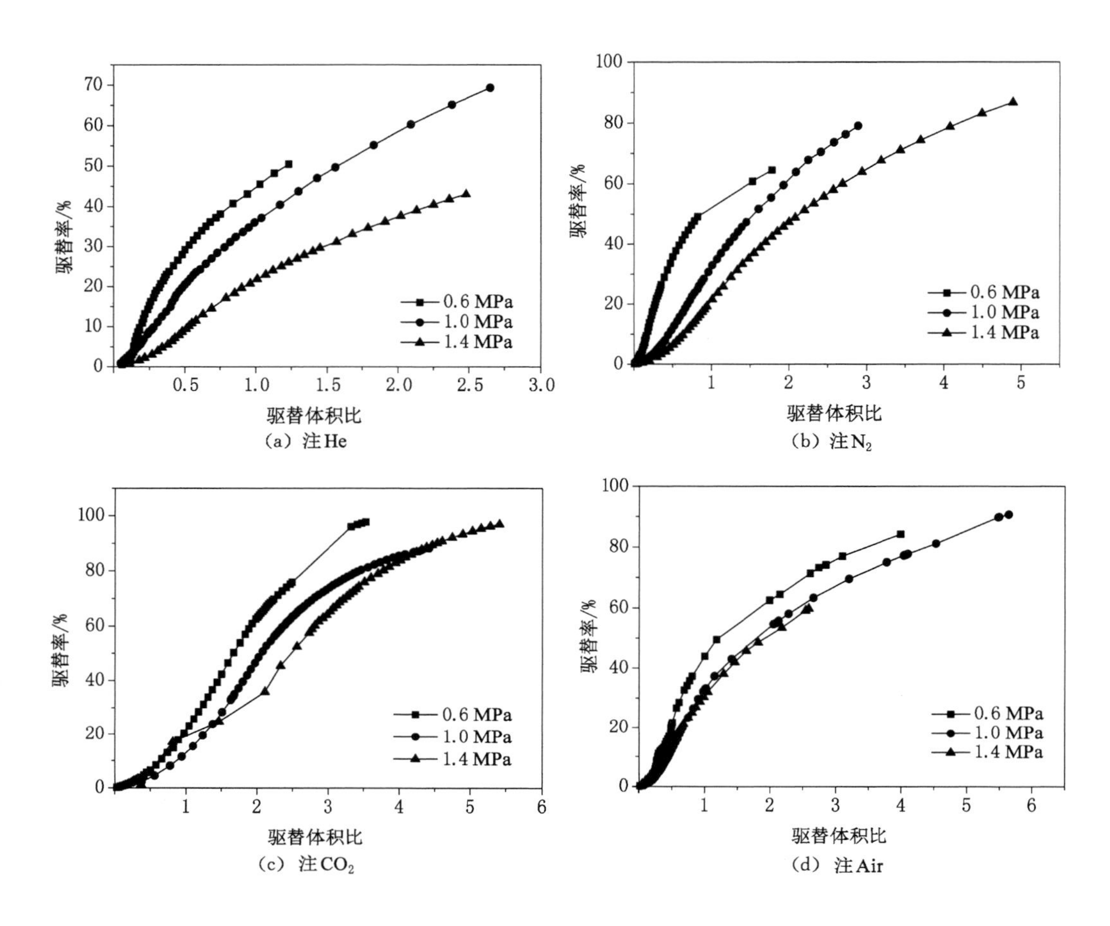

(a) 注He　(b) 注N_2

(c) 注CO_2　(d) 注Air

图 7-3　驱替率随驱替体积比的变化规律

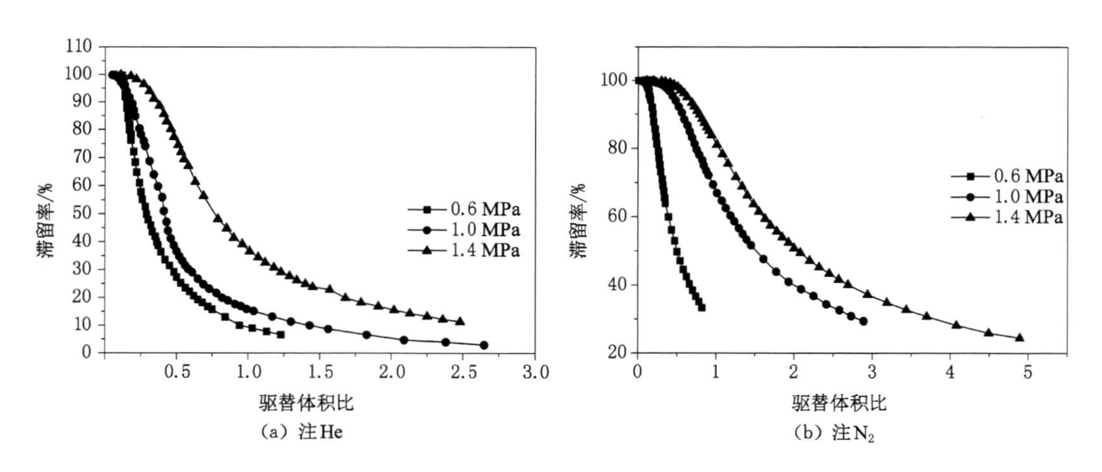

(a) 注He　(b) 注N_2

图 7-4　滞留率随驱替体积比的变化规律

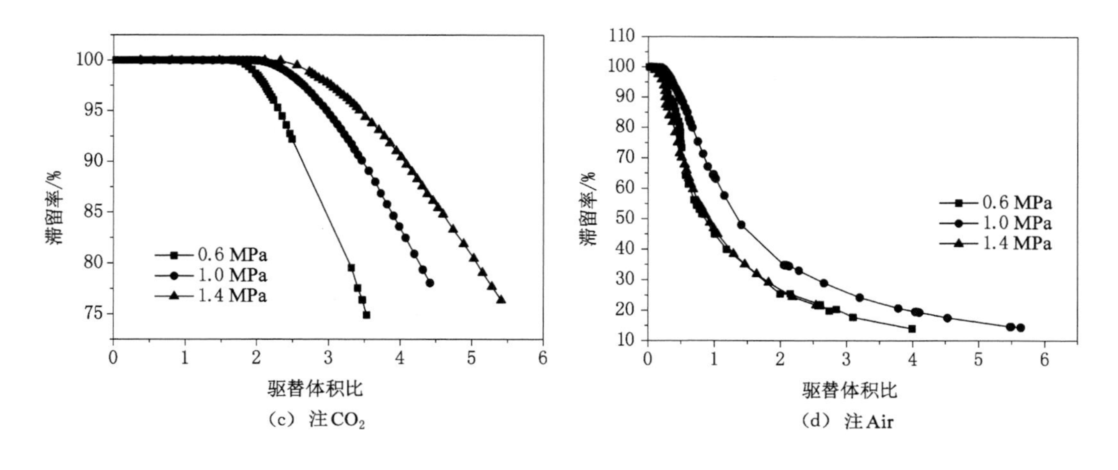

图 7-4(续)

由图 7-3 可知，注气驱替煤层 CH_4 效果明显。在实验条件下，不同气源驱替率不同，由大到小顺序为 CO_2＞N_2＞Air＞He。注入非吸附性气体 He 时，驱替率为 40%～70%；注入弱吸附性气体 N_2 时，驱替率为 65%～95%；注入弱吸附性气体 Air 时，驱替率为 60%～95%；注入强吸附性气体 CO_2 时，驱替率大于 95%。

由图 7-4 可知，在实验条件下，注入非吸附性气体 He 时，滞留率小于 10%，这说明注入的 He 除了充填腔体自由空间外，全部排出。注入弱吸附性气体 N_2 时，滞留率为 22%～30%；注入弱吸附性气体 Air 时，滞留率为 12%～20%。这说明注入的弱吸附性气体除了充填腔体自由空间外，因吸附而滞留在煤中的不足 20%。注入强吸附性气体 CO_2 时，滞留率大于 75%，这说明注入强吸附性气体，虽然能把 CH_4 几乎全部驱出，但因自身的强吸附性，在未达到饱和吸附平衡条件时几乎都滞留在煤中。

根据荥巩煤田河南大峪沟煤业集团有限责任公司华泰煤矿现场注空气工程实践，如图 7-5 所示，注气取得了很好的驱替效果，驱替率达到 25%以上。如图 7-6 所示，注气前后突出危险性指标降到临界值[K_1=0.5 mL/(g・$min^{1/2}$)]以下，消突效果明显。

由上述分析可知，注入非吸附性气体和弱吸附性气体驱替煤层瓦斯，注气后原始煤体中瓦斯大量排出，注源气体也随之流出煤体，煤体瓦斯内能降低。注入强吸附性气体，由于注气后大量的注源气体滞留在煤体中，煤体吸附比原始气体(瓦斯)更多的注源气体，瓦斯内能并不能降低。

7.3.3　煤层注气驱替瓦斯消突机理

通过对煤与瓦斯突出机理的研究，提出了卸压-降能-增阻的防突方法。在煤层注气驱替瓦斯过程中，煤体渗透性受注入气体压力的影响而增强。在注气结束后，注入气源的吸附性不同，对煤体渗透率的影响程度也不同。注入吸附性强于 CH_4 的气体，煤体渗透率降低；注入吸附性弱于 CH_4 的气体，煤体渗透率增加。

综上所述，向煤层中注入弱吸附性气体(N_2 或者 Air)，不仅能取得良好的驱替瓦斯效果，而且能降低突出煤体所受的应力，使煤体弹性能降低；同时，可使煤层渗透率大幅度提高，瓦斯抽采效率提高，瓦斯突出内能降低，从而可达到消突目的。

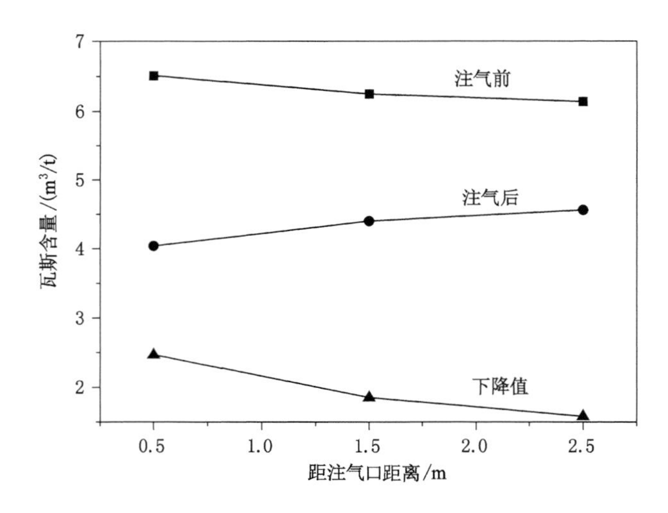

图 7-5 注气前后煤样瓦斯含量变化规律

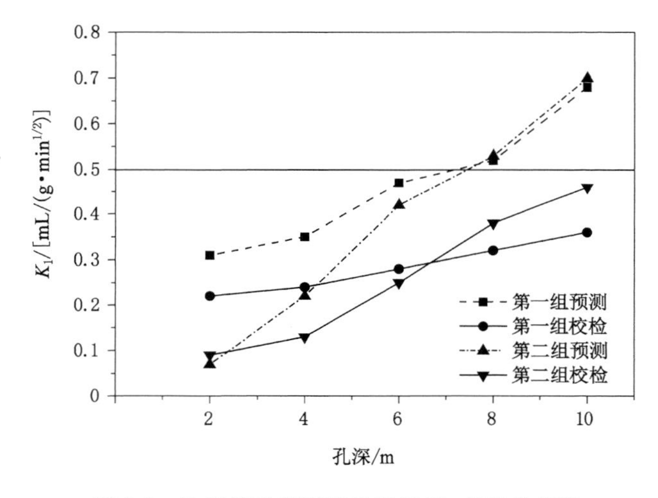

图 7-6 注气前后预测预报指标 K_1 值变化规律

7.4 注气驱替煤层瓦斯工程实践注气气源分析

如前文所述,CO_2-ECBM 技术,注气气源多为 CO_2,其次是 CO_2 和 N_2 等的混合气体,而煤矿井下瓦斯灾害防治领域没有进行过大规模注气工程,还处于工业性试验阶段,注气气源多为 N_2 或者空气。因此,针对井下煤层注气驱替瓦斯技术,必须对注气气源(CO_2、N_2、空气)进行优越性分析。

7.4.1 CO_2 作为注气气源的可行性分析

根据以往的 CO_2-ECBM 工程实践和吸附性能来看,CO_2 作为注气气源置换瓦斯效果最优。但是从煤矿井下现场应用的角度出发,CO_2 作为井下煤层注气驱替瓦斯的气源,存在以下不足：

(1) 降低煤层渗透性

美国、加拿大、中国的现场试验结果显示：由于 CO_2 具有比 CH_4 更强的吸附性能，当注入纯 CO_2 后，煤层会膨胀，渗透率降低。而我国绝大多数高瓦斯、突出煤层为低透气性煤层，随着 CO_2 注入量的增加，煤层渗透率持续降低，可能会导致 CO_2 注入量受到限制，使驱替行为终止。

(2) 突出危险性增强

国内外曾发生过多起煤与二氧化碳突出事故[18,169-177]，如法国的塞外纳煤田、波兰的下西里西亚煤田、德国的伟腊矿等；我国第一例砂岩与二氧化碳突出事故于1975年6月13日发生在营城五井，突出砂岩1 005 t，突出 CO_2 11 000 m^3，之后在和龙煤矿、獐儿沟煤矿、哈拉沟煤矿、窑街三矿相继发生多次煤岩与二氧化碳突出事故。

(3) CO_2 气源不好解决

一方面，在井下制取 CO_2 难度大，目前尚无在井下制取 CO_2 的方法和装备；另一方面，CO_2 存储、运输不方便，且存储容积受到限制，而注气时用量大，因而难以满足用气量的需要。

(4) 瓦斯利用困难

注入 CO_2 后，滞留在煤层中或者排放到煤矿井巷中的 CO_2 都会通过通风系统或者抽采系统进入瓦斯利用系统，CO_2 含量过高会影响瓦斯的正常燃烧和利用。

7.4.2 N_2 作为注气气源的可行性分析

(1) 驱替效果明显

N_2 气源容易解决，且现场试验、实验室驱替实验证明，注 N_2 同样能达到很好的驱替效果。

(2) N_2 没有突出危险性

N_2 是一种惰性气体，煤对 N_2 的吸附能力很小。注入 N_2 后，煤层中不会储存大量的 N_2，不存在突出危险性，国内外也未见 N_2 突出的矿井。

(3) 气源好解决

目前，制造 N_2 的设备和 N_2 的压缩装备都非常成熟，在煤矿井下也完全能够制取 N_2。但是 N_2 井下制备和增压系统需要满足防爆的要求，从而会增加运维和管理费用。

(4) 不影响瓦斯利用

瓦斯可利用的浓度一般为20%～30%，而通过抽采系统抽采出的瓦斯浓度往往过高，此时需要通入空气进行稀释。既然瓦斯的利用需要一定量的 N_2 参与其中，那么所注 N_2 不会影响瓦斯的燃烧和利用价值。

7.4.3 空气作为注气气源的可行性分析

(1) 驱替效果与注纯 N_2 相差不大

空气是富含 N_2 的混合气体，其组分构成大致为 N_2(80%左右)、O_2(20%左右)和 CO_2(约0.3%)。根据方志明等[18]、杨宏民[19]进行的现场试验，空气作为气源，也能达到很好的驱替效果。

(2) 不影响煤层自然发火条件

根据赵鹏涛[36]的研究,煤对 O_2 的吸附能力较弱,在煤矿井下煤层注气试验中,残留在煤层中的 O_2 吸附量最大为 0.36 cm³/g,不足以影响煤层自然发火。

(3) 井下空气获得容易,供应量充足

每个煤矿都具备完善的通风系统,可根据用风地点的需要源源不断地将新鲜空气配送到位,就煤层注气量而言,井下空气绝对是应有尽有的。

(4) 井下有完善的压风系统,可以为低压注气提供方便的气源

高瓦斯和煤与瓦斯突出矿井都装备有完善的压风系统,在低压(0.3～0.7 MPa)注气时,注气气源没有任何问题。需要高压注气时,可采用井下移动式空气压缩机来提高注气压力。

综上所述,虽然注 CO_2 置换瓦斯效果强于 N_2,但注 CO_2 会降低煤层渗透率,提高应力,增大 CO_2 突出危险性,且注入大量的 CO_2 会降低瓦斯作为能源的利用价值。因此,从注气置换煤层瓦斯技术的推广应用角度出发,N_2 特别是空气可以作为优选气源。

7.5 试验矿井概况

试验矿井为荥巩煤田河南大峪沟煤业集团有限责任公司华泰煤矿,位于河南省巩义市大峪沟镇,设计生产能力 60 万 t/a,开采二$_1$ 煤层,保有可采储量 2 336 万 t,煤层倾角为 7°～14°,采用三立井单水平上山开拓,中央并列抽出式通风,相对瓦斯涌出量为 16.72 m³/t,绝对瓦斯涌出量为 11.62 m³/min,为煤与瓦斯突出矿井,煤的破坏类型为Ⅳ—Ⅴ类,瓦斯放散初速度 Δp 为 10～28 mmHg,煤的坚固性系数 f 为 0.10～0.66。实测二$_1$ 煤层瓦斯含量为 2.09～7.17 m³/t,最大瓦斯含量不超过临界值 8.0 m³/t。二$_1$ 煤层瓦斯压力为 0.09～0.55 MPa,煤层不易自燃,煤尘无爆炸危险性。试验地点为 11060 工作面运输巷。

7.6 试验方法

为了验证物理模拟和数值模拟实验的结论,结合现场具体条件,采用压缩空气作为气源,低压(0.6 MPa)注气,采取注气+排放的方式进行驱替瓦斯现场试验。

7.6.1 注气系统

如图 7-7 所示,注气驱替瓦斯试验系统主要由气源及高压输气管路系统、注气/泄压控制系统、压力/流量监测系统等组成。根据试验要求,气源由井下压风系统提供,主干输气管路采用 ϕ50 mm 钢管,连接注气孔封孔器采用 ϕ25 mm 高压软管;干管和注气口分别采用控制阀和压力表监测注气/卸压后孔内压力变化情况;为便于对注气过程进行控制,注气孔敷设一趟带有压力表、控制阀和泄压阀的管路[140,144]。

7.6.2 注气驱替试验目的

(1) 研究沿注气孔不同深度气体压力变化规律;

(2) 研究沿注气孔不同深度注气促排瓦斯效果;

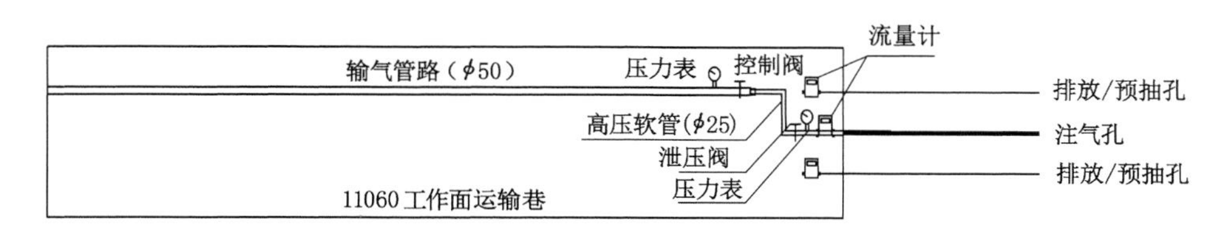

图 7-7　注气驱替瓦斯试验系统示意图

（3）研究垂直注气孔不同距离处的注气影响范围和效果；

（4）研究泄压后注气影响范围内的残余高压气体恢复规律。

7.6.3　试验钻孔布置方式

根据试验目的，分 2 组试验：一是注气孔内气体压力分布试验；二是注气孔轴向和径向注气效果试验。钻孔布置参数如图 7-8 和图 7-9 及表 7-1 所示。

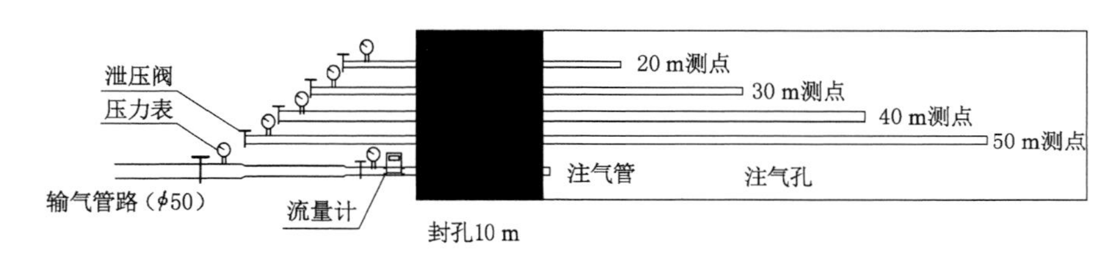

图 7-8　注气孔测压点布置示意图

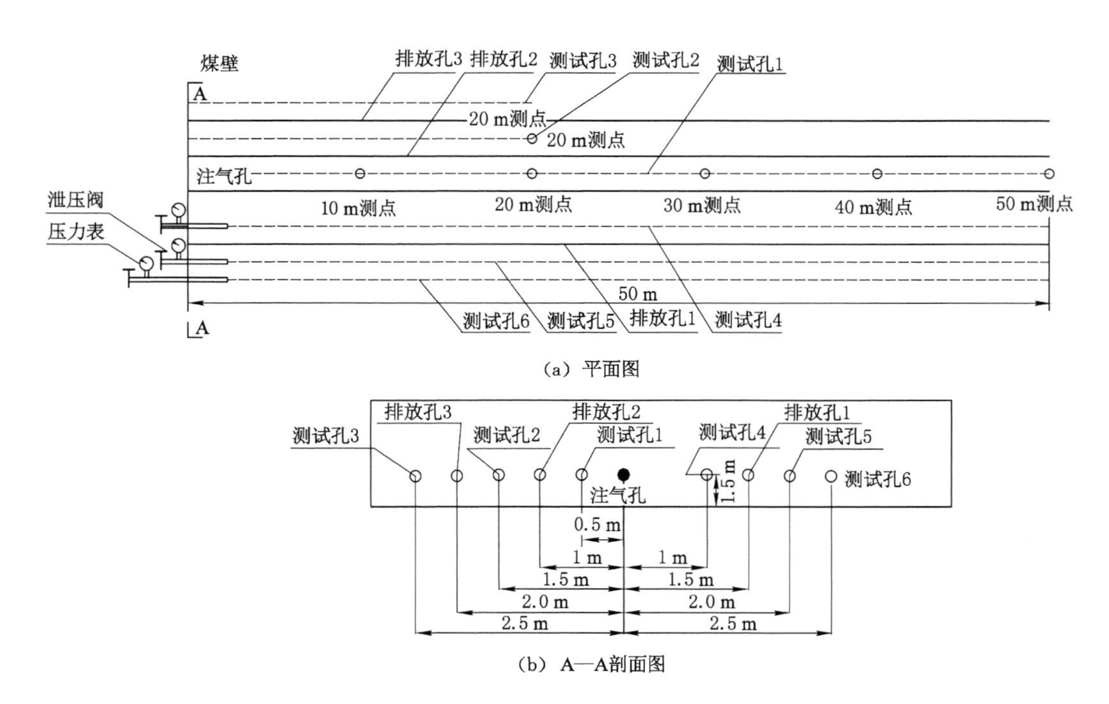

图 7-9　注气驱替瓦斯试验钻孔布置图

表 7-1 注气驱替瓦斯试验钻孔参数

钻　孔	钻孔深度/m	孔径/mm	封孔深度/m	封孔方式	备　注
注气孔	50	94	15	两堵一注	
排放孔 1	50	94			
排放孔 2	50	94			
排放孔 3	50	94			
测试孔 1	50	94			测试含量
测试孔 2	50	94			测试含量
测试孔 3	50	94			测试含量
测试孔 4	50	94	15	两堵一注	测试压力
测试孔 5	50	94	15	两堵一注	测试压力
测试孔 6	50	94	15	两堵一注	测试压力

7.6.4 试验步骤

(1) 孔内注气压力测定步骤

① 按设计施工注气孔，在孔深 20 m、30 m、40 m 和 50 m 位置安装紫铜套管(ϕ8 mm)，采用两堵一注方式进行封孔，封孔长度为 10 m。

② 测定钻孔瓦斯涌出速度，在流量稳定(连续 3 次测量流量变化不超过 10%)后读取不同位置的气体压力值。

③ 打开气源控制阀，进行注气驱替瓦斯试验，记录各测点压力表读数和相对应的注气时间。

④ 在各测点气体压力稳定后，关闭注气控制阀，打开泄压阀，直到孔内气体压力降至0.1 MPa。

(2) 注气效果测定步骤

① 按设计施工排放孔，并测定瓦斯涌出速度。

② 按设计施工注气孔，每钻进 10 m，取样测试瓦斯含量和气体组分，共计测试 5 组；在注气孔施工完成后，安装注气管、阀门等，按设计封孔方式和长度封孔。

③ 待封孔材料凝固 24 h 后，开始进行注气试验，记录压力表数据；同时，测试排放孔涌出气体流量和浓度，每隔 10 min 测定 1 次，流量达到峰值并稳定后适当延长测试时间。

④ 注气 12 h 后，关闭注气控制阀，通过泄压阀缓慢释放孔内气体，直到孔内气体压力降至 0.1 MPa。

⑤ 注气结束后，按照设计施工测试孔，并在相应位置取样测试残余瓦斯含量和气体组分。

7.7　试验结果及分析

7.7.1　注气孔内气体压力分布规律

注气过程中孔内气体压力测定结果如表 7-2 所示。

表 7-2　注气过程中孔内气体压力测定结果

注气时间/min	孔内气体压力/MPa					平均压力/MPa	压力下降梯度/(MPa/100 m)
	孔深 0 m 处	孔深 20 m 处	孔深 30 m 处	孔深 40 m 处	孔深 50 m 处		
10	0.52	0.46	0.40	0.36	0.30	0.41	0.44
20	0.54	0.52	0.48	0.42	0.38	0.47	0.32
30	0.60	0.56	0.53	0.49	0.45	0.53	0.30
40	0.60	0.54	0.53	0.51	0.49	0.53	0.22
50	0.60	0.55	0.54	0.52	0.50	0.54	0.20
60	0.60	0.55	0.54	0.52	0.50	0.54	0.20

由表 7-2 和图 7-10、图 7-11 可知，随着注气时间的延长，注气孔内气体压力逐渐上升，由 0.41 MPa 上升到 0.54 MPa；沿孔深压力下降梯度逐渐缩小，由 0.44 MPa/100 m 下降到 0.20 MPa/100 m，且注气 40 min 后趋于稳定。

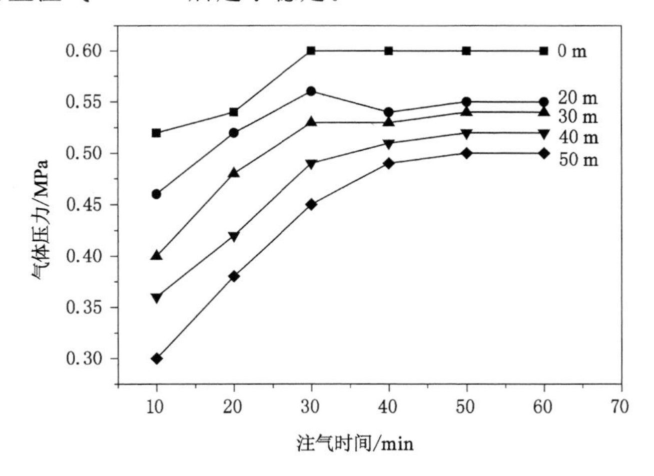

图 7-10　注气过程中孔内气体压力随注气时间变化规律

7.7.2　沿注气孔不同深度注气促排瓦斯效果分析

根据试验钻孔设计和试验步骤，注气结束 12 h 后，在距离注气孔 0.5 m 处施工测试孔，取样进行瓦斯含量及组分测试，测试结果如表 7-3 所示。

由表 7-3 和图 7-12 至图 7-14 可知，注气后，煤样全组分瓦斯含量和 CH_4 含量都有大幅度的下降，其中，CH_4 含量下降的程度随取样深度的加大而逐渐减小，下降值为 0.94～

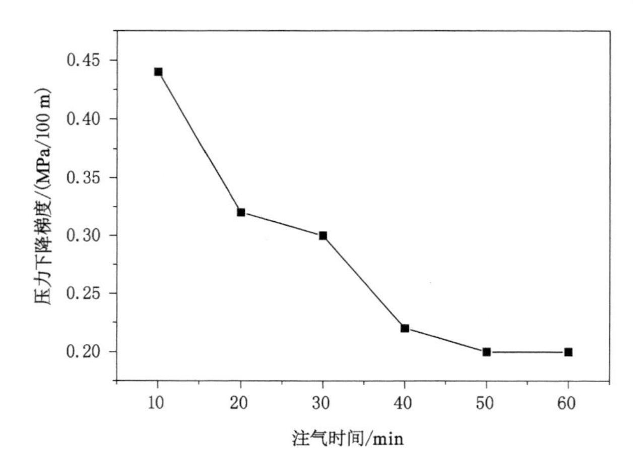

图 7-11　注气过程中孔内气体压力下降梯度随注气时间变化规律

2.26 m^3/t，下降幅度为 15%～38%。由此说明，注气促排瓦斯效果沿注气轴方向差异明显。同时也反映出，注气后卸压时间足够长，注源气体不断从煤层中解吸出来，不存在高压气体存留现象。

表 7-3　注气前后煤样瓦斯含量测定结果

取样深度/m	注气前			注气后			全组分瓦斯含量下降值/(m^3/t)	CH_4 含量下降值/(m^3/t)
	全组分瓦斯含量/(m^3/t)	CH_4 组分比例/%	CH_4 含量/(m^3/t)	全组分瓦斯含量/(m^3/t)	CH_4 组分比例/%	CH_4 含量/(m^3/t)		
10	6.68	88.26	5.90	5.84	62.32	3.64	0.84	2.26
20	6.86	94.87	6.51	5.76	70.10	4.04	1.10	2.47
30	6.91	90.36	6.24	5.82	79.85	4.65	1.09	1.59
40	6.92	92.33	6.39	6.04	88.83	5.37	0.88	1.02
50	6.95	90.12	6.26	6.08	87.52	5.32	0.87	0.94

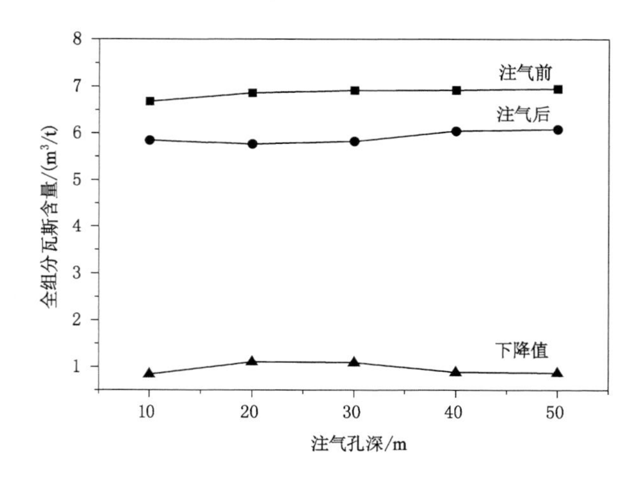

图 7-12　注气前后煤样全组分瓦斯含量变化规律

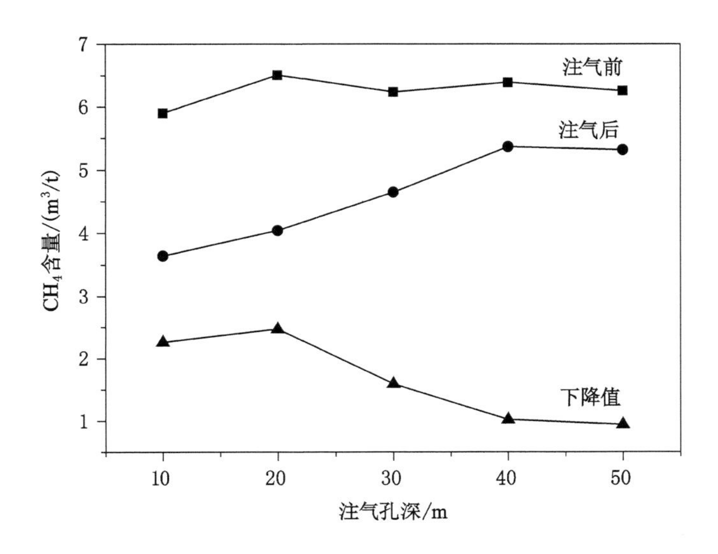

图 7-13　注气前后煤样 CH_4 含量变化规律

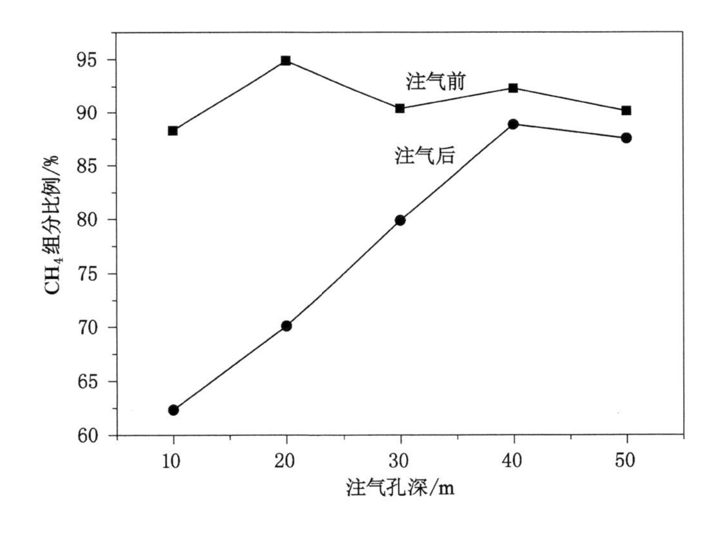

图 7-14　注气前后煤样 CH_4 组分比例变化规律

7.7.3　垂直注气孔不同距离处的注气影响范围和效果

7.7.3.1　注气前后距注气孔不同距离处的煤样瓦斯含量变化规律

根据试验钻孔设计和试验步骤，注气结束 12 h 后，在距离注气孔 0.5 m、1.5 m、2.5 m 处施工测试孔，孔深 20 m，取样进行瓦斯含量测试，测试结果如表 7-4 所示。

表 7-4　注气前后距注气孔不同距离处的瓦斯含量测定结果

取样位置	瓦斯含量/(m^3/t)			备　注
	注气前	注气后	下降值	
测试孔距注气孔 0.5 m	6.51	4.04	2.47	取样深度为 20 m
测试孔距注气孔 1.5 m	6.25	4.40	1.85	
测试孔距注气孔 2.5 m	6.14	4.56	1.58	

由表 7-4 和图 7-15 可以得出，注气后，距离注气孔 2 m 范围内煤层瓦斯含量发生了不同程度的下降，距注气孔越近，下降得越多。其中，距注气孔 0.5 m 的测试孔的瓦斯含量下降了 2.47 m^3/t，距注气孔 1.5 m 的测试孔的瓦斯含量下降了 1.85 m^3/t，距注气孔 2.5 m 的测试孔的瓦斯含量下降了 1.58 m^3/t，由此说明注气促排瓦斯效果沿垂直注气轴方向的差异十分明显。

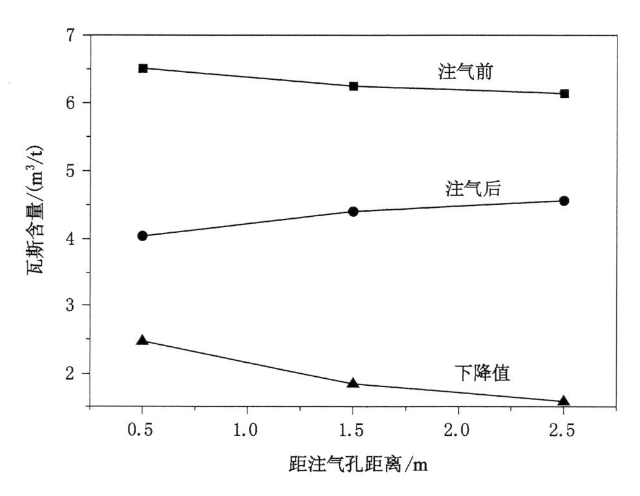

图 7-15　注气前后煤样瓦斯含量变化规律

注气后，在小于 10 m 深的范围内，预测预报指标 K_1 值有较大幅度下降(见表 7-5)，且基本降到 0.5 mL/(g・$min^{1/2}$)以下，这也充分证明了注气消突技术的可行性。

表 7-5　注气前后预测预报指标 K_1 值统计表

试验	K_1 值	孔深 2 m 处	孔深 4 m 处	孔深 6 m 处	孔深 8 m 处	孔深 10 m 处
第一组	预测	0.31	0.44	0.47	0.52	0.68
	校检	0.22	0.25	0.28	0.32	0.36
第二组	预测	0.07	0.22	0.42	0.53	0.70
	校检	0.09	0.13	0.25	0.38	0.46

7.7.3.2　垂直注气孔方向不同距离处的排放孔瓦斯流量变化规律

根据试验钻孔设计和试验步骤，实时监测排放孔的流量，测试结果如图 7-16、图 7-17 所示和表 7-6 所示。

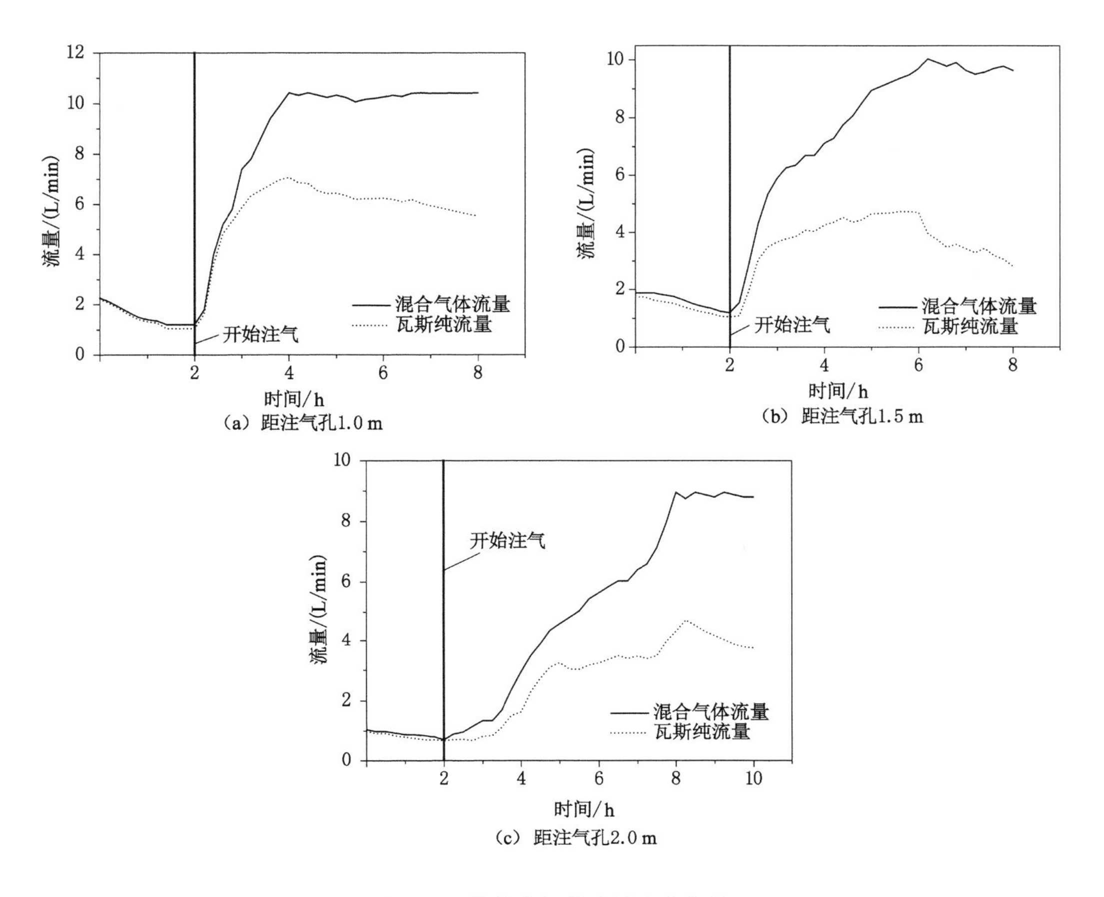

图 7-16　排放孔气体流量变化规律

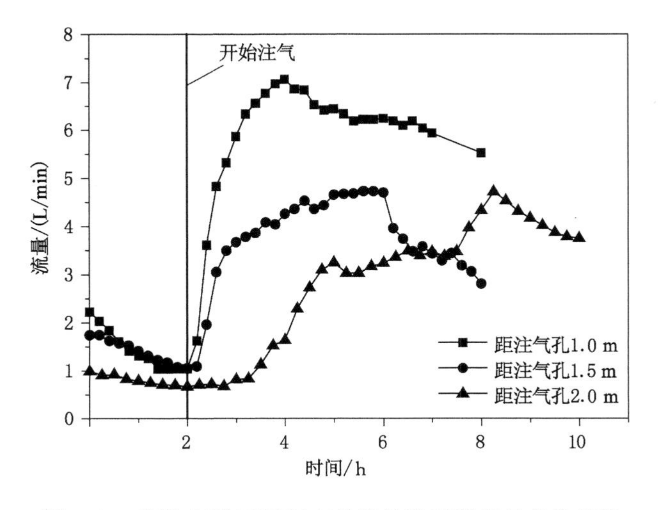

图 7-17　距注气孔不同距离的排放孔瓦斯流量变化规律

表 7-6　注气影响范围测试结果

注气时间/h	距注气孔水平距离/m	注气后流量增加倍数
4	1.0	7
6	1.5	5
8	2.0	3.5

由表 7-6 和图 7-16、图 7-17 可知，垂直注气孔方向 2 m 范围内，注气后排放孔瓦斯流量增加 3.5～7 倍，促排瓦斯效果明显。距离注气孔越近，促排瓦斯效果越明显，影响时间越短。在注气压力为 0.6 MPa 条件下，注气 4 h 影响半径为 1 m，注气 6 h 影响半径为 1.5 m，注气 8 h 影响半径为 2 m。

7.7.3.3　垂直注气孔方向不同距离处的测试孔残余气体压力变化规律

根据试验目的和试验步骤，实时监测泄压后的测试孔残余气体压力，测试结果如图 7-18 和表 7-7 所示。

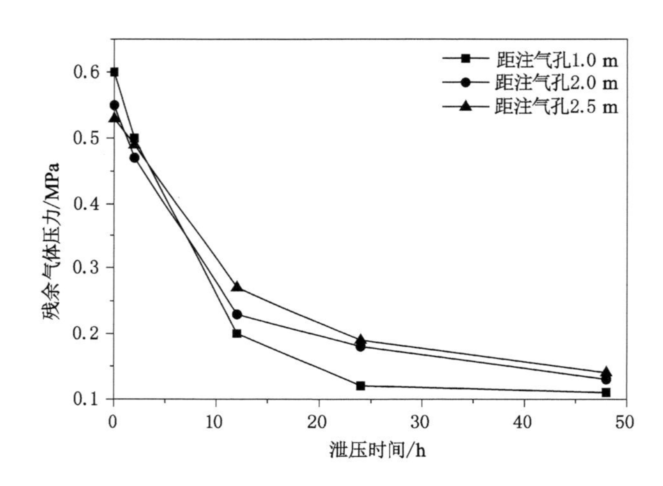

图 7-18　泄压后测试孔残余气体压力随泄压时间的变化规律

表 7-7　泄压后测试孔残余气体压力测试结果

泄压时间/h	测试孔 4 残余气体压力/MPa	测试孔 5 残余气体压力/MPa	测试孔 6 残余气体压力/MPa
0	0.60	0.55	0.53
2	0.50	0.47	0.49
12	0.20	0.23	0.27
24	0.12	0.18	0.19
48	0.11	0.13	0.14

由表 7-7 和图 7-18 可知，垂直注气孔方向 2.5 m 范围内，泄压 24 h 后残余气体压力下降到 0.2 MPa 以下，泄压 48 h 后下降到 0.15 MPa 以下，尤其是距离注气孔 1.0 m 处的残余气体压力下降到 0.11 MPa，接近大气压，即注空气驱替瓦斯泄压后，只要有足够的泄压排放时间，就不会造成高压气体滞留现象。

参考文献

[1] 刘业娇，袁亮，薛俊华，等. 2007—2016 年全国煤矿瓦斯灾害事故发生规律分析[J]. 矿业安全与环保，2018，45(3)：124-128.

[2] 赵旭生，刘延保，申凯，等. 煤层瓦斯抽采效果影响因素分析及技术对策[J]. 煤矿安全，2019，50(1)：179-183.

[3] 张宏伟，付兴，霍丙杰，等. 低透煤层保护层开采卸压效果试验[J]. 安全与环境学报，2017，17(6)：2134-2139.

[4] 张小军，廖文德，邹云辉，等. 低透气性松软煤层增透技术研究现状及高能气体压裂新技术[J]. 能源与环保，2018，40(11)：94-98.

[5] 崔刚. 低透气性煤层群井下增透技术[J]. 煤炭科学技术，2016，44(5)：151-154.

[6] 汪开旺. 高压空气爆破煤层致裂增透工艺研究[J]. 煤炭科学技术，2018，46(2)：193-197.

[7] 张开加. 不同埋深条件下二氧化碳致裂爆破技术增透效果试验研究[J]. 中国煤炭，2018，44(7)：110-114，119.

[8] 陈玉涛，秦江涛，谢文波. 水力压裂和深孔预裂爆破联合增透技术的应用研究[J]. 煤矿安全，2018，49(8)：141-144，148.

[9] 刘新民. 高压水射流卸压增透技术在松软厚煤层防突中的应用[J]. 陕西煤炭，2018，37(5)：51-54，73.

[10] 陶云奇，张超林，许江，等. 水力冲孔卸压增透物理模拟试验及效果评价[J]. 重庆大学学报，2018，41(10)：69-77.

[11] REEVES S R. The coal-seq project: key results from field, laboratory, and modeling studies[C]//Proceedings of the 7th International Conference on Greenhouse Gas Control Technologies, 2004.

[12] GUNTER W D, MAVOR M J, ROBINSON J R. CO_2 storage and enhanced methane production: field testing at fenn-big Valley, Alberta and Canada with application [C]//Proceedings of 7th Conference on Greenhouse Gas Control Technologies, 2004.

[13] VAN BERGEN F, PAGNIER H J M, VAN DER MEER L G H, et al. Development of a field experiment of CO_2 storage in coal seams in the upper Silesian basin of Poland(recopol)[C]//Proceedings of 6th Conference on Greenhouse Gas Control Technologies, 2002.

[14] PAGNIER H, VAN BERGEN F, KRZYSTOLIK P, et al. Field experiment of ECBM-CO_2 in the upper Silesian basin of Poland(RECOPOL)[C]//Proceedings of 7th Conference on Greenhouse Gas Control Technologies, 2004.

[15] SHI J Q, DURUCAN S, FUJIOKA M. A reservoir simulation study of CO_2 injection and N_2 flooding at the Ishikari coalfield CO_2 storage pilot project, Japan[J]. International journal of greenhouse gas control, 2008, 2(1): 47-57.
[16] YAMAGUCHI S, OHGA K, FUJIOKA M, et al. Field experiment of Japan CO_2 geosequestration in coal seams project(JCOP)[C]//Proceedings of the 8th International Conference on Greenhouse Gas Control Technologies, 2006.
[17] 冯三利，胡爱梅，叶建平. 中国煤层气勘探开发技术研究[M]. 北京：石油工业出版社，2007.
[18] 方志明，李小春，李洪，等. 混合气体驱替煤层气技术的可行性研究[J]. 岩土力学，2010，31(10)：3223-3229.
[19] 杨宏民. 井下注气驱替煤层甲烷机理及规律研究[D]. 焦作：河南理工大学，2010.
[20] 李志强，王兆丰. 井下注气强化煤层气抽采效果的工程试验与数值模拟[J]. 重庆大学学报，2011，34(4)：72-77，82.
[21] WEISHAUPTOVÁ Z, MEDEK J. Bound forms of methane in the porous system of coal[J]. Fuel, 1998, 77(1-2): 71-76.
[22] CLARKSON C R, BUSTIN R M, LEVY J H. Application of the mono/multilayer and adsorption potential theories to coal methane adsorption isotherms at elevated temperature and pressure[J]. Carbon, 1997, 35(12): 1689-1705.
[23] 李树刚，白杨，林海飞，等. CH_4，CO_2和N_2多组分气体在煤分子中吸附热力学特性的分子模拟[J]. 煤炭学报，2018，43(9)：2476-2483.
[24] 毋亚文，潘结南. 煤层甲烷等温吸附拟合模型[J]. 煤炭学报，2017，42(增刊 2)：452-458.
[25] 马砺，李珍宝，邓军，等. 常压下煤对 N_2/CO_2/CH_4单组分气体吸附特性研究[J]. 安全与环境学报，2015，15(2)：64-67.
[26] 张晓东，秦勇，桑树勋. 煤储层吸附特征研究现状及展望[J]. 中国煤田地质，2005，17(1)：16-21.
[27] 艾鲁尼. 煤矿瓦斯动力现象的预测和预防[M]. 唐修义，宋德淑，王荣龙，译. 北京：煤炭工业出版社，1992.
[28] CROSDALE P J, BEAMISH B B, VALIX M. Coalbed methane sorption related to coal composition[J]. Internationaljournal of coal geology, 1998, 35(1-4): 147-158.
[29] 孙培德. 煤与甲烷气体相互作用机理的研究[J]. 煤，2000，9(1)：18-21.
[30] 马东民. 煤储层的吸附特征实验综合分析[J]. 北京科技大学学报，2003，25(4)：291-294.
[31] 马东民，温兴宏. 无烟煤对甲烷等温吸附解吸特性实验研究[J]. 煤田地质与勘探，2007，35(2)：25-27.
[32] BUSCH A, GENSTERBLUM Y. CBM and CO_2-ECBM related sorption processes in coal: a review[J]. International journal of coal geology, 2011, 87(2): 49-71.
[33] 唐书恒，杨起，汤达祯. 二元混合气体等温吸附实验结果与扩展 Langmuir 方程预测值的比较[J]. 地质科技情报，2003，22(2)：68-70.

[34] 唐书恒,韩德馨.用多元气体等温吸附成果评价煤层气开发潜力[J].中国矿业大学学报,2002,31(6):630-633.

[35] 杨宏民,王兆丰,任子阳.煤中二元气体竞争吸附与置换解吸的差异性及其置换规律[J].煤炭学报,2015,40(7):1550-1554.

[36] 赵鹏涛.N_2-O_2混合气体对煤层瓦斯吸附-解吸影响效应研究[D].焦作:河南理工大学,2012.

[37] 于宝种.阳泉无烟煤对N_2-CH_4二元气体的吸附-解吸特性研究[D].焦作:河南理工大学,2010.

[38] 任子阳.阳泉无烟煤对CH_4、CO_2吸附特性研究[D].焦作:河南理工大学,2010.

[39] 杨宏民,任子阳,王兆丰.寺家庄矿无烟煤对CH_4和CO_2的吸附特性研究[J].煤炭科学技术,2010,38(5):117-120.

[40] 王向浩,王延忠,张磊,等.高、低煤阶CO_2与CH_4竞争吸附解吸置换效果分析[J].非常规油气,2018,5(3):46-51.

[41] 金智新,武司苑,邓存宝,等.不同浓度烟气在煤中的竞争吸附行为及机理[J].煤炭学报,2017,42(5):1201-1206.

[42] 武司苑,邓存宝,戴凤威,等.煤吸附CO_2、O_2和N_2的能力与竞争性差异[J].环境工程学报,2017,11(7):4229-4235.

[43] 张淑同,王波,曹偈,等.型煤吸附解吸二氧化碳与甲烷的性能对比试验研究[J].矿业安全与环保,2016,43(5):5-8.

[44] 吴文明.He对煤中CH_4的置换效应研究[D].焦作:河南理工大学,2015.

[45] RUPPEL T C,GREIN C T,BIENSTOCK D. Adsorption of methane/ethane mixtures on dry coal at elevated pressure[J]. Fuel,1972,51(4):297-303.

[46] SAUNDERS J T,TSAI B M C,YANG R T. Adsorption of gases on coals and heat-treated coals at elevated temperature and pressure: 2. adsorption from hydrogen-methane mixtures[J]. Fuel,1985,64(5):621-626.

[47] STEVENSON M D,PINCZEWSKI W,SOMERS M L,et al. Adsorption/desorption of multicomponent gas mixtures at in-seam conditions[C]//SPE Asia-Pacific Conference,1991.

[48] ARRI L E,YEE D,MORGAN W D,et al. Modeling coalbed methane production with binary gas sorption[C]//SPE Rocky Mountain Regional Meeting,1992.

[49] HALL F E,ZHOU C H,GASEM K,et al. Adsorption of pure methane,nitrogen,and carbon dioxide and their binary mixtures on wet Fruitland coal[C]//SPE Eastern Regional Meeting,1994.

[50] BUSCH A,KROOSS B M,GENSTERBLUM Y,et al. High-pressure adsorption of methane,carbon dioxide and their mixtures on coals with a special focus on the preferential sorption behaviour[J]. Journal of geochemical exploration,2003,78-79:671-674.

[51] 于洪观,范维唐,孙茂远,等.煤对CH_4/CO_2二元气体等温吸附特性及其预测[J].煤炭学报,2005,30(5):618-622.

[52] 于洪观,姜仁霞,王盼盼,等.基于不同状态方程压缩因子的煤吸附 CO_2 等温线的比较[J].煤炭学报,2013,38(8):1411-1417.
[53] 张子戌,刘高峰,张小东,等.CH_4/CO_2 不同浓度混合气体的吸附-解吸实验[J].煤炭学报,2009,34(4):551-555.
[54] 刘高峰,张子戌,宋志敏,等.高温高压平衡水条件下煤吸附 CH_4 实验[J].煤炭学报,2012,37(5):794-797.
[55] 宋志敏,刘高峰,张子戌.变形煤及其吸附-解吸特征研究现状与展望[J].河南理工大学学报(自然科学版),2012,31(5):497-500.
[56] 相建华,曾凡桂,梁虎珍,等.$CH_4/CO_2/H_2O$ 在煤分子结构中吸附的分子模拟[J].中国科学(地球科学),2014,44(7):1418-1428.
[57] 王晋.煤体注 CO_2 置换 CH_4 渗透率变化规律及对采收率影响研究[D].北京:中国矿业大学(北京),2016.
[58] 邢万丽.煤中 CO_2、CH_4、N_2 及多元气体吸附/解吸、扩散特性研究[D].大连:大连理工大学,2016.
[59] 周来诚.煤岩气藏注入 CO_2/N_2 实验及数值模拟研究[D].成都:西南石油大学,2015.
[60] 马凤兰,翁红波,宋志敏,等.煤对三元混合气体的吸附特性研究[J].中州煤炭,2016(9):31-34,74.
[61] 张艳玉,李凯,孙晓飞,等.多组分气体吸附预测及模型对比研究[J].煤田地质与勘探,2015,43(5):34-38.
[62] OUDINOT A,KOPERNA G,PHILIP Z G,et al. CO_2 injection performance in the Fruitland coal fairway, San Juan Basin:results of a field pilot[J]. SPE journal,2011,16(4):864-879.
[63] GODEC M,KOPERNA G,GALE J. CO_2-ECBM:a review of its status and global potential[J]. Energy procedia,2014,63:5858-5869.
[64] PERERA M S A,RANJITH P G,VIETE D R. Effects of gaseous and super-critical carbon dioxide saturation on the mechanical properties of bituminous coal from the Southern Sydney Basin[J]. Applied energy,2013,110:73-81.
[65] DAY S,FRY R,SAKUROVS R. Swelling of Australian coals in supercritical CO_2[J]. International journal of coal geology,2008,74(1):41-52.
[66] 李小春,张法智,方志明,等.混合气体驱替煤层气现场试验研究[C]//2008年煤层气学术研讨会论文集,2008.
[67] 郝定溢,叶志伟,方树林.我国注气驱替煤层瓦斯技术应用现状与展望[J].中国矿业,2016,25(7):77-81.
[68] 刘晓辉,高宏.赵庄矿1307底抽巷钻孔注气置换深化促抽试验研究[J].煤矿安全,2017,48(6):16-19.
[69] 冯俊超.大平煤矿瓦斯抽采钻孔注气增产机理及技术研究[D].焦作:河南理工大学,2016.
[70] FULTON P F,PARENTE C A,ROGERS B A,et al. A laboratory investigation of enhanced recovery of methane from coal by carbon dioxide injection[C]//SPE

Unconventional Gas Recovery Symposium,1980.

[71] REZNIK A A,SINGH P K,FOLEY W L. An analysis of the effect of CO_2 injection on the recovery of in situ methane from bituminous coal:an experimental simulation [J]. Society of petroleum engineers journal,1984,24(5):521-528.

[72] JESSEN K,TANG G Q,KOVSCEK A R. Laboratory and simulation investigation of enhanced coalbed methane recovery by gas injection[J]. Transport in porous media, 2008,73(2):141-159.

[73] MAZUMDER S,WOLF K H,VAN HEMERT P,et al. Laboratory experiments on environmental friendly means to improve coalbed methane production by carbon dioxide/flue gas injection[J]. Transport in porous media,2008,75(1):63-92.

[74] DUTKA B,KUDASIK M,TOPOLNICKI J. Pore pressure changes accompanying exchange sorption of CO_2/CH_4 in a coal briquette[J]. Fuel processing technology, 2012,100:30-34.

[75] DUTKA B,KUDASIK M,POKRYSZKA Z,et al. Balance of CO_2/CH_4 exchange sorption in a coal briquette[J]. Fuel processing technology,2013,106:95-101.

[76] PARAKH S. Experimental investigation of enhanced coalbed methane recovery[D]. Palo Alto:Stanford University,2007.

[77] 王立国. 注气驱替深部煤层 CH_4 实验及驱替后特征痕迹研究[D]. 徐州:中国矿业大学,2013.

[78] 高莎莎,王延斌,贾立龙,等. 温度及压力对 CO_2 置换 CH_4 的影响[J]. 中国矿业大学学报,2013,42(5):801-805,837.

[79] 高莎莎,王延斌,倪小明,等. CO_2 注入煤层中煤储层渗透率变化规律研究[J]. 煤炭科学技术,2014,42(2):54-57.

[80] 石强,陈军斌,黄海,等. 注气驱替提高煤层气采收率实验研究[J]. 煤矿安全,2018,49(5):10-13.

[81] 石强. 煤层气储层 N_2 驱渗流规律研究[D]. 西安:西安石油大学,2017.

[82] 周俊文. 二氧化碳驱替煤层甲烷的试验研究[J]. 能源与环保,2019,41(1):13-16,22.

[83] 马砺,魏高明,李珍宝,等. 松散煤体注 CO_2 置驱 CH_4 效应实验研究[J]. 煤炭技术,2018,37(2):139-141.

[84] 庞丽萍,王浚. 活性炭床多组分竞争吸附数值方法研究[J]. 系统仿真学报,2005,17(9):2104-2106.

[85] 梅海燕,张茂林,李闽,等. 气驱过程中考虑弥散的气体渗流方程[J]. 天然气工业,2004,24(3):98-99.

[86] 郑爱玲,王新海,刘德华. 注气驱替煤层气数值模拟研究[J]. 石油钻探技术,2006,34(2):55-57.

[87] 吴嗣跃,郑爱玲. 注气驱替煤层气的三维多组分流动模型[J]. 天然气地球科学,2007,18(4):580-583.

[88] 孙可明,潘一山,梁冰. 流固耦合作用下深部煤层气井群开采数值模拟[J]. 岩石力学与工程学报,2007,26(5):994-1001.

[89] 方志明.混合气体驱替煤层气技术的机理及试验研究[D].武汉:中国科学院研究生院(武汉岩土力学研究所),2009.
[90] 吴金涛,侯健,陆雪皎,等.注气驱替煤层气数值模拟[J].计算物理,2014,31(6):681-689.
[91] 马天然.注气开采煤层气多场耦合模型研究及应用[D].徐州:中国矿业大学,2017.
[92] 郝志勇,岳立新.超临界 CO_2 增透煤热流固耦合模型与数值模拟[J].工程科学与技术,2018,50(4):228-236.
[93] 郝志勇,岳立新,孙可明,等.超临界 CO_2 温变对低渗透煤层孔渗变化的实验研究[J].煤田地质与勘探,2018,46(3):64-71.
[94] 岳立新.超临界 CO_2 作用下煤微观结构演化及增透规律研究[D].阜新:辽宁工程技术大学,2018.
[95] 李元星.连续与间歇注空气驱替煤层气机理及实验研究[D].太原:太原理工大学,2017.
[96] 王伟,方志明,李小春.煤样尺度的二氧化碳驱替煤层气数值模拟[J].中国矿业,2019,28(2):121-125.
[97] 王公达,REN T X,齐庆新,等.二氧化碳/氮气驱替煤层瓦斯过程的数学模型[J].岩石力学与工程学报,2016,35(增2):3930-3936.
[98] 马志宏.注入二氧化碳和氮气驱替煤层气机理的实验研究[D].太原:太原理工大学,2000.
[99] 杨宏民,夏会辉,王兆丰.注气驱替煤层瓦斯时效特性影响因素分析[J].采矿与安全工程学报,2013,30(2):273-277.
[100] 夏会辉,杨宏民,陈进朝,等.注气置换煤层瓦斯技术的气源优选分析[J].煤炭技术,2012,31(11):74-75.
[101] 夏会辉,杨宏民,王兆丰,等.注气置换煤层甲烷技术机理的研究现状[J].煤矿安全,2012,43(7):167-171.
[102] 李凤龙.弱吸附性氮气对煤中甲烷的置换效应[D].焦作:河南理工大学,2015.
[103] KATAYAMA Y. Study of coalbed methane in Japan[C]//Proceedings of United Nations International Conference on Coalbed Methane Development and Utilization. Beijing:Coal Industry Press,1995:238-243.
[104] CLARKSON C R,BUSTIN R M. Binary gas adsorption/desorption isotherms:effect of moisture and coal composition upon carbon dioxide selectivity over methane[J]. International journal of coal geology,2000,42(4):241-271.
[105] SCOTT S H,SCHOELING L,PEKOT L. CO_2 injection for enhanced coalbed methane recovery:project screening and design[C]//Proceedings of the 1993 International Coalbed Methane Symposium,1993.
[106] 张行周.注气驱替煤层气作用机理的研究[D].太原:太原理工大学,2000.
[107] 张行周,郭勇义,吴世跃.注气驱替煤层气技术的探讨[J].太原理工大学学报,2000,31(3):251-253.
[108] 佘小广,贾占军.高温、高压注气提高煤层气产率的研究[J].能源技术与管理,2004

(2):17-18.
[109] 王剑光,佘小广.注气驱替煤层气机理研究[J].中国煤炭,2004,30(12):44-46.
[110] 李希建,蔡立勇,常浩.注气驱替煤层气作用机理的探讨[J].矿业快报,2007(8):20-22.
[111] 郭文朋,张遂安.高温、高压注气提高煤层 CH_4 产率的机理研究[J].内蒙古石油化工,2008(14):22-23.
[112] 马志宏,郭勇义,吴世跃.注入二氧化碳及氮气驱替煤层气机理的实验研究[J].太原理工大学学报,2001,32(4):335-338.
[113] 李前贵,康毅力,罗平亚.超破裂压力注气开发煤层甲烷探讨[J].天然气工业,2005,25(6):87-89.
[114] 谭湘龙,宋东日,蔡定良,等.用注气法开采低渗型煤层气[J].中国煤炭,2009,35(6):12-13.
[115] 夏会辉.顺层钻孔注气置换煤层瓦斯时效特性研究[D].焦作:河南理工大学,2012.
[116] 陈立伟,杨天鸿,杨宏民,等.软、硬煤残余瓦斯含量差异性研究[J].东北大学学报(自然科学版),2015,36(7):1037-1041.
[117] 陈立伟,杨天鸿,杨宏民,等.煤层注 N_2 促排瓦斯时效性实验研究[J].东北大学学报(自然科学版),2017,38(7):1026-1030.
[118] 徐龙君,刘成伦,鲜学福.注入增产法提高煤层气采收率的理论探讨[J].重庆大学学报(自然科学版),2000,23(6):42-44.
[119] CUI X J, BUSTIN R M, DIPPLE G. Selective transport of CO_2, CH_4, and N_2 in coals: insights from modeling of experimental gas adsorption data[J]. Fuel, 2004, 83(3):293-303.
[120] 夏德宏,张世强.注 CO_2 开采煤层气的增产机理及效果研究[J].江西能源,2008(1):7-10.
[121] 朱鹏飞,杨宇.注气开采煤层气技术浅谈[J].现代矿业,2009,25(5):40-42.
[122] 唐书恒,杨起,汤达祯,等.注气提高煤层甲烷采收率机理及实验研究[J].石油实验地质,2002,24(6):545-549.
[123] 梁卫国,张倍宁,黎力,等.注能(以 CO_2 为例)改性驱替开采 CH_4 理论与实验研究[J].煤炭学报,2018,43(10):2839-2847.
[124] 蔺金太.注气提高煤层气采收率的机理研究[D].太原:太原理工大学,2000.
[125] 吴世跃,郭勇义.关于注气开发煤层气机理的探讨[J].太原理工大学学报,2000,31(4):361-363.
[126] 吴世跃,赵文.自然降压开采和注气开采煤层气的效果评价[J].中国矿业,2004,13(10):76-79.
[127] 吴世跃,张美红,郭勇义.单井间歇注气开采煤层气生产过程分析[J].太原理工大学学报,2008,39(2):148-150.
[128] 张美红,吴世跃,李川田.煤系地层注入 CO_2 开采煤层气质交换的机理[J].煤炭学报,2013,38(7):1196-1200.
[129] 郑尚超,代志旭.气体驱替在提高瓦斯抽采率中的创新与应用[J].煤矿安全,2008,

39(8):42-44.

[130] 傅国廷. 潞安低渗透性软煤层瓦斯驱替技术实践[J]. 矿业安全与环保,2009,36(增刊1):90-91.

[131] 煤炭工业部科技教育司. 煤的甲烷吸附量测定方法(高压容量法):MT/T 752—1997[S]. 北京:煤炭工业出版社,1998.

[132] 中国煤炭工业协会. 煤的工业分析方法:GB/T 212—2008[S]. 北京:中国标准出版社,2008.

[133] 中国煤炭工业协会. 煤的真相对密度测定方法:GB/T 217-2008[S]. 北京:中国标准出版社,2008.

[134] 中国煤炭工业协会. 煤的视相对密度测定方法:GB/T 6949—2010[S]. 北京:中国标准出版社,2011.

[135] 杨宏民,鲁小凯,陈立伟. 不同注源气体置换-驱替煤层甲烷突破时间的差异性分析[J]. 重庆大学学报,2018,41(2):96-102.

[136] 杨宏民,冯朝阳,陈立伟. 不同注氮压力置驱煤层甲烷试验中的机理分析[J]. 煤矿安全,2017,48(2):145-148.

[137] 王兆丰,陈进朝,杨宏民. 驱替置换煤层甲烷的注气影响半径及其在不同方向上的差异性[J]. 煤矿安全,2012,43(12):1-4.

[138] 杨宏民,许东亮,陈立伟. 注 CO_2 置换/驱替煤中甲烷定量化研究[J]. 中国安全生产科学技术,2016,12(5):38-42.

[139] 杨天鸿,陈立伟,杨宏民,等. 注二氧化碳促排煤层瓦斯机制转化过程实验研究[J]. 东北大学学报(自然科学版),2020,41(5):623-628.

[140] 陈进朝. 钻孔注氮驱替煤层甲烷影响半径时效特性研究[D]. 焦作:河南理工大学,2012.

[141] 王治学. 钻孔注氮驱替煤层甲烷效果沿孔长变化规律研究[D]. 焦作:河南理工大学,2012.

[142] 杨宏民,魏晨慧,王兆丰,等. 基于多物理场耦合的井下注气驱替煤层甲烷的数值模拟[J]. 煤炭学报,2010,35(增刊):109-114.

[143] 王东洋,杨宏民,陈立伟. 煤层注氮气置驱瓦斯过程压力场数值模拟[J]. 煤,2016,25(7):1-3.

[144] 王兆丰,陈进朝,杨宏民. 注气驱替煤层甲烷的有效影响半径研究[J]. 煤炭科学技术,2012,40(9):28-31.

[145] 胡千庭,文光才. 煤与瓦斯突出的力学作用机理[M]. 北京:科学出版社,2013.

[146] 舒龙勇,齐庆新,王凯,等. 煤矿深部开采卸荷消能与煤岩介质属性改造协同防突机理[J]. 煤炭学报,2018,43(11):3023-3032.

[147] 卫修君,林柏泉. 煤岩瓦斯动力灾害发生机理及综合治理技术[M]. 北京:科学出版社,2009.

[148] 于不凡. 煤和瓦斯突出机理[M]. 北京:煤炭工业出版社,1985.

[149] 张铁岗. 矿井瓦斯综合治理技术[M]. 北京:煤炭工业出版社,2001.

[150] TAYLOR T J. Proofs of subsistence of the firedamp at coal mines in a state of high

tension in situ[J]. The North of England Institute of Mining and Mechanical Engineers,1852(1):275-299.

[151] ROWAN H. An outburst of coal and fire-damp at Valleyfield Colliery[J]. Institute of mining engineering,1911,XIII:50-52.

[152] HALBAUM H W. Discussion of J Gerrard's paper "Instantaneous outburst of fire-damp and coal,Broad Oak Colliery"[J]. Institute of mining engineering,1899,XVIII:258-265.

[153] TALFER W H. Discussion of Rowan's paper on "An outburst of coal and fire-damp at Valleyfield Colliery"[J]. Institute of mining engineering,1930,43:1038-1046.

[154] WILSON P A C. Instantaneous outbursts of carbon dioxide in coal mines in Lower Silesia[J]. The American Institute of Mining and Metal Engineering,1931,94:88-136.

[155] 程远平,张晓磊,王亮.地应力对瓦斯压力及突出灾害的控制作用研究[J].采矿与安全工程学报,2013,30(3):408-414.

[156] 华安增.地应力与煤和瓦斯突出的关系[J].中国矿业学院学报,1978(0):20-32.

[157] LORIET J,LAMA R D. Sudden outbursts of gas and coal in underground coal mines[M].[S. l.]:[s. n.],1996.

[158] 蒋承林.石门揭穿含瓦斯煤层时动力现象的球壳失稳机理研究[D].徐州:中国矿业大学,1994.

[159] 周世宁,何学秋.煤和瓦斯突出机理的流变假说[J].中国矿业大学学报,1990,19(2):1-8.

[160] 赵阳升,胡耀青,赵宝虎,等.块裂介质岩体变形与气体渗流的耦合数学模型及其应用[J].煤炭学报,2003,28(1):41-45.

[161] 梁冰,章梦涛,王泳嘉.煤层瓦斯渗流与煤体变形的耦合数学模型及数值解法[J].岩石力学与工程学报,1996,15(2):134-142.

[162] 于不凡.谈煤和瓦斯突出机理[J].煤炭科学技术,1979(8):34-42.

[163] 舒龙勇,王凯,齐庆新,等.煤与瓦斯突出关键结构体致灾机制[J].岩石力学与工程学报,2017,36(2):347-356.

[164] 杨宏民,冯朝阳,陈立伟.煤层注氮模拟实验中的置换-驱替效应及其转化机制分析[J].煤炭学报,2016,41(9):2246-2250.

[165] 杨宏民,冯朝阳,陈立伟.不同注氮压力置驱煤层甲烷试验中的机理分析[J].煤矿安全,2017,48(2):145-148.

[166] 隆清明,赵旭生,孙东玲,等.吸附作用对煤的渗透率影响规律实验研究[J].煤炭学报,2008,33(9):1030-1034.

[167] 周军平,鲜学福,李晓红,等.吸附不同气体对煤岩渗透特性的影响[J].岩石力学与工程学报,2010,29(11):2256-2262.

[168] 杨宏民,梁龙辉,冯朝阳,等.注气压力对不同注源气体置驱效应的影响[J].中国安全科学学报,2017,27(9):122-128.

[169] 高小明,沈建林.甘肃窑街矿区CO_2气体突出灾害的成因及防治研究[J].中国煤炭地

质,2017,29(10):18-22.
[170] 宋天峰.煤与CO_2突出矿井采煤工作面沿空留巷开采技术研究[J].甘肃科技,2015,31(15):56-57.
[171] 马伟,郑万成.CO_2-ECBM项目中潜在煤(岩)与CO_2突出隐患分析[J].煤矿安全,2010,41(11):80-82.
[172] 周汇超,王海东,曲晓明.煤层中CO_2对突出危险性影响研究[C]//2010(沈阳)国际安全科学与技术学术研讨会,2010.
[173] 张德运.急倾斜CO_2突出厚煤层保护层开采技术[J].甘肃科技纵横,2010,39(2):52-53,140.
[174] 姜利民,王君得,李伟.急倾斜特厚煤层无机源CO_2突出防治技术[J].煤矿安全,2010,41(1):23-26.
[175] 唐生福.急倾斜特厚煤层煤与CO_2突出防治技术[J].煤矿安全,2009(增刊):83-85.
[176] 孙建设.防治CO_2突出技术研究[J].煤炭科技,2009(2):110-112.
[177] 杨云峰,王君得.煤与瓦斯(CO_2)突出矿井揭煤技术[J].煤,2008(7):75-77.